深海蛋形耐压壳仿生技术

张　建　唐文献　王纬波　著

科学出版社

北　京

内 容 简 介

　　球形耐压壳是深海潜水器重要装置和浮力单元，针对其缺陷敏感性高、水动力学特性差、壳内空间利用率低等问题，提出一种新型结构——蛋形耐压壳。本书从生物学、应用力学、海洋工程学和仿生学角度，全面阐述了深海蛋形耐压壳仿生研究的最新成果。

　　全书共 5 章，系统论述了现役潜水器耐压壳结构设计及蛋壳仿生应用现状，蛋壳生物、几何和力学特性，蛋形耐压壳仿生设计方法，蛋形耐压壳线弹性力学性能及弹塑性屈曲特性，多蛋形耐压壳设计方法及力学特性等内容，并公布了大量试验数据。

　　本书可作为仿生工程、船舶与海洋工程、机械工程、农业工程等学科领域的教师、研究生教学和科研参考书，也供相关学科领域的科研人员、工程技术人员参考。

图书在版编目（CIP）数据

深海蛋形耐压壳仿生技术/张建，唐文献，王纬波著. —北京：科学出版社，2017.10

　　ISBN 978-7-03-054159-8

　　I. ①深… Ⅱ. ①张… ②唐… ③王… Ⅲ. ①潜水器-结构设计 Ⅳ. ①P754.3

　　中国版本图书馆 CIP 数据核字（2017）第 199509 号

责任编辑：邓　静　张丽花 / 责任校对：郭瑞芝
责任印制：吴兆东 / 封面设计：迷底书装

科 学 出 版 社 出版
北京东黄城根北街 16 号
邮政编码：100717
http://www.sciencep.com

北京厚诚则铭印刷科技有限公司 印刷
科学出版社发行　　各地新华书店经销
*

2017 年 10 月第 一 版　　开本：720×1000　B5
2017 年 10 月第一次印刷　　印张：11 1/2
字数：216 000
定价：98.00 元
（如有印装质量问题，我社负责调换）

序

载人潜水器，特别是深海载人潜水器，是海洋开发前沿与制高点之一，其水平可以体现出一个国家材料、控制、海洋学等领域的综合科技实力。"蛟龙号"载人深潜器是我国首台自行设计、自主集成研制的作业型深海载人潜水器，最大下潜深度为 7000m 级，也是目前世界上下潜能力最深的作业型载人潜水器，工作范围可覆盖全球海洋区域的 99.8%。"蛟龙号"载人潜水器的研制成功，标志着我国已经跨入深海载人技术发达国家的俱乐部，也为我国海洋科学研究和资源勘探开发提供了重要的装备。

作为"蛟龙号"载人潜水器第一副总设计师、总体与集成项目负责人，我清醒地认识到，中国若要在深潜方面继续保持领先水平，成为一个无可争议的海洋高技术强国，必须尽快研制万米级全海深载人潜水器。为此，牵头组建了上海海洋大学深渊科学技术研究中心，推动 11000m 全海深载人深潜器"彩虹鱼"的研制。三年时间内，研制出第一台复合型 11000m 无人潜水器和三台 11000m 着陆器，并成功完成了 11000m 级海试，为全海深的海洋科考提供了一些可用的装备，也为后续的全海深载人潜水器研制奠定了一些基础。

在这些深海潜水器研制过程中，深感基础研究的重要性，例如，载人舱、压载水舱等耐压结构的创新设计与理论计算，对原创性潜水器研发至关重要。针对这一问题，张建博士、唐文献博士、王纬波博士撰写了此书，从生物学、应用力学、海洋工程学和仿生学角度，提出一种新型结构——蛋形耐压壳，研究其仿生设计方法、强度和屈曲特性。这些研究成果对今后的深海装备研制具有重要的参考价值。该书核心素材源于作者团队在 *Marine Structures*、*Thin-walled Structures*、《中国造船》、《船舶力学》、《机械工程学报》等专业期刊上发表的学术论文，内容丰富、观点新颖、体系完整。

崔维成

2017 年 6 月

前　　言

深海载人潜水器是水下观察作业的重要装备、海洋开发的前沿和制高点之一，其水平可以体现出一个国家的综合科技实力。为此，全国人民代表大会颁布了深海海底区域资源勘探开发法，支持深海潜水器研发；《中国制造2025》把海工装备作为十大重点发展领域之一，在此基础上，工业和信息化部将深海潜水器等深海探测装备列为未来十年海工装备发展的方向与重点；科学技术部将"深海关键技术与装备"列入国家重点研发计划，支持原创性深海潜水器研发以及深海前沿关键技术攻关。

作为深海载人潜水器重要组成部分和浮力单元，耐压壳起着保障下潜过程中内部设备正常工作和人员健康安全的作用，其重量占潜水器总重的1/4～1/2。然而，现役深海耐压壳大多为球形结构，存在缺陷敏感性高、水动力学特性差、壳内空间利用率低等问题。为此，作者从生物学、应用力学、海洋工程学和仿生学角度，提出一种新型结构——蛋形耐压壳，替代球形耐压壳，深入开展深海蛋形耐压壳仿生技术及其性能研究。

本书正是根据作者多年对深海蛋形耐压壳的仿生研究成果撰写而成，主要取材于作者及其团队在专业期刊、国际会议上公开发表的学术论文。全书共5章，全面论述现役潜水器耐压壳结构设计及蛋壳仿生应用现状，蛋壳生物、几何和力学特性，蛋形耐压壳仿生设计方法，蛋形耐压壳的线弹性力学性能及弹塑性屈曲特性，多蛋形耐压壳的设计方法及力学特性等内容，并公布了大量试验数据，供读者使用和参考。本书可作为仿生工程、船舶与海洋工程、机械工程、农业工程等领域的教师、研究生教学和科研参考书，也供相关领域的科研人员、工程技术人员参考。

课题组硕士生左新龙、王明禄、朱俊臣、周通、高杰、徐欣宏、张猛、朱本义、彭伟、花正道、王月阳、王为民等在试验设计、理论计算、数据处理、成果建设、文字校核等方面做了大量工作，在此表示感谢。同时，感谢江苏省船海机械装备先进制造重点实验室、中国船舶科学研究中心船舶振动噪声重点实验室、江苏省道路载运工具新技术应用重点实验室、上海深渊科学工程技术研究中心提供科研条件；感谢江苏省自然科学基金项目(BK20150469)提供资助。此外，特别感谢吴文伟研究员、崔维成教授、王国林教授、王芳博士以及作者发表的学术论文审稿人对该项研究的启发、指导和帮助。

由于时间仓促，又限于作者水平，书中难免存在不当之处，敬请同仁、读者斧正。

作　者
2017年6月

目　　录

第1章 绪 论

1.1 背景及意义

海洋平均深度和陆地平均高度相差很大,如图 1.1 所示。当潜水器下潜深度为 600~6000m 时,其作业范围可基本覆盖 95%以上的海洋海底。近年来,各国在各类潜水器的理论与试验研究方面做了大量工作,已取得阶段性成果。目前,中国已成功研制 6000m 无人无缆深潜器"潜龙一号"(图 1.2)、7B8 军用水下机器人、打捞雷潜水器、常压潜水装具设备、移动式救生钟和 7103 深潜救生艇等,海洋工程装备关键技术取得实用性进展[1]。2011 年 7 月 28 日,"蛟龙号"载人潜水器(图 1.3)下潜深度达 5188m,实现了中国潜水器技术上的突破,标志着中国可以在 80%以上的海洋深处进行作业[2];2012 年 6 月 27 日,"蛟龙号"7000m 级海试最大下潜深度达 7062m,再创中国载人深潜纪录,表明该潜水器具备了在全球 99.8%的海洋深处开展科学研究、资源勘探的能力。

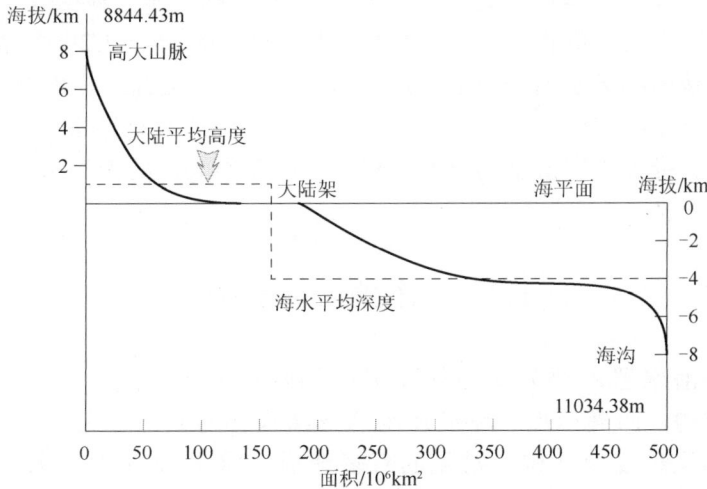

图 1.1 海洋深度比例示意图

随着海洋开发速度不断加快,从近海到远海探索深度不断增加,各种作业目的的潜水器种类繁多、发展迅速,主要用于海洋资源勘探与开发、科学研究、军事探测和打捞等方面。当前,我国极其重视深海海底区域资源勘探开发,科学技术部已把"深海关键技术与装备"列入国家重点研发计划，支持原创性深海潜水器研发以及深海前沿关键技术攻关。《国务院关于印发全国海洋经济发展"十二五"规划的通知》中明确规定，要加强大洋勘查技术与深海科学研究开发基地建设，支持开展深海装备研制。2015 年 5 月，《中国制造 2025》把海洋工程装备作为十大重点发展领域之一。2016 年 2 月，国家公布了深海海底区域资源勘探开发法，从法律层面支持包括深海潜水器在内的深海科学技术装备研发。

图 1.2　无人深潜器"潜龙一号"

图 1.3　"蛟龙号"载人潜水器

　　潜水器结构通常是由满足水动力学要求的轻外壳，以及为乘员、非耐压设备提供常压工作环境的耐压壳等组成的。耐压壳体常被看作潜水器的内部壳，它可以保证潜水器在下潜过程中基本恒定的大气压力。潜水器的耐压壳体组成一个水密空间，是潜水器浮力的主要提供者，其重量占潜水器总重量的 1/4～1/2[1, 3]。耐压壳体结构形式的选择直接影响潜水器的下潜深度和有效载荷[4]。因此，提出新型耐压壳体，开展异形壳的抗压机制研究，对提高耐压壳乃至整个潜水器的综合性能、形成深海装备研制能力、推进深海潜水器研发进程、保障我国大洋勘查与深海科学研究等具有十分重要的意义。

1.2　现役耐压壳结构

　　现役深海潜水器主要分单壳体和多壳体两种结构形式。单壳体常见的有球形、柱形等结构，而椭球形、环形及水滴形结构皆为概念形壳体，没有得到实际应用；多壳体又称复合结构，常见的有多球形、球-柱交接形、锥-柱交接形等结构形式[5-7]。

1.2.1　单壳体结构

1. 球形结构

球形耐压壳已得到广泛应用，如 TRITON 3000/3（图 1.4）、"Deep Sea 2000"号

潜水器、"ALVIN"号潜水器(图1.5)、"蛟龙号"载人潜水器(图1.3)。球形结构具有最佳浮力系数(质量-排水量比),稳定性高,中面应力为相同直径柱形壳的一半;球形壳的表面积与容积比值小,使材料可以得到充分利用。球形耐压壳所受的外部压力能均摊到球体全部表面,在均布外压下大部分区域的两个方向主应力相等;球形结构容易加工杯形管节,方便切割舱口、舷窗和电缆套管孔。然而,球形结构的内部空间利用率较低,不利于舱室布置;仅依靠增大球半径来增大内部空间,势必导致水阻力增大,降低潜水器的机动性[8]。

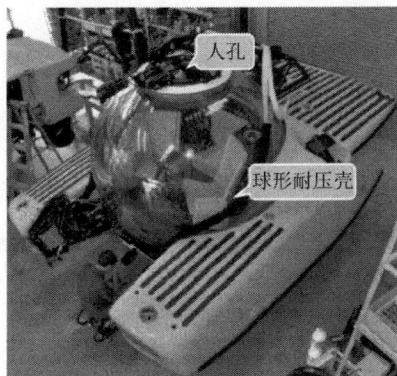

图1.4 TRITON 3000/3

图1.5 "ALVIN"号潜水器

2. 柱形结构

柱形结构加工制作相对容易,空间利用率较高,便于进行内部舱室布置,常见于浅海大型潜水器,如"Aluminant"号潜水器(图1.6)。柱形结构内部分为无加强筋和有加强筋。加强方式一般分充气管加强筋(图1.7)和环形加强筋两种形式(图1.8)。内部肋板加强的柱形结构,浮力系数相对较大,材料利用率较低,整体稳定性差[9]。此外,柱形壳两端的圆周部分所承受的压力是轴向部分的两倍,弯曲应力在两端过渡区域跳跃明显。

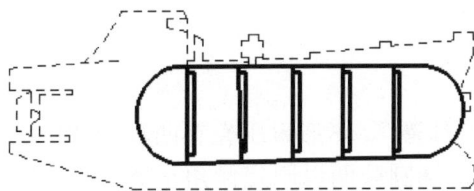

图1.6 "Aluminant"号潜水器

图 1.7 充气管加强筋柱形壳体

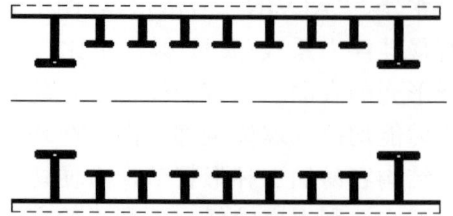

图 1.8 环形加强筋柱形壳体

3. 椭球类结构

椭球类结构，两端和中部是类似球形弧度的凸起部分，且两部分均匀过渡，可以将压力均摊到壳体的全部表面，是柱形结构的优化方案，如"SP-350"号潜水器(图 1.9)。椭球类结构具有较好的流线型，降低水阻力，增加潜水器的航速和灵活性，耗能较低。此外，椭球类结构继承了柱形结构空间利用率高的特点，但制造费用较高，且非常规形状的结构应力分析较困难[10]。

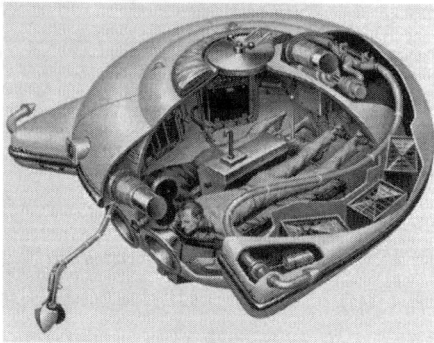

图 1.9 "SP-350"号潜水器

此外，水滴形是椭球类结构延伸的概念结构，是行进效率最高的流线型。水滴形结构是提高潜水器水下机动性的努力方向，适用于水下高速航行潜水器，但端部应力集中一直制约其应用。

4. 环形结构

环形结构，酷似"游泳圈"。环形耐压壳有两种形式：以圆形截面绕中心轴旋转形成的圆截面环形结构；椭圆截面以固定倾角 α 绕中心轴旋转形成的椭圆截面环形结构(图 1.10)。以 r 表示截面小半径，R 表示绕轴半径。环形结构内部和外部均可使用螺旋钢质线圈进行围绕，将其失稳压力降到最低[11, 12]。

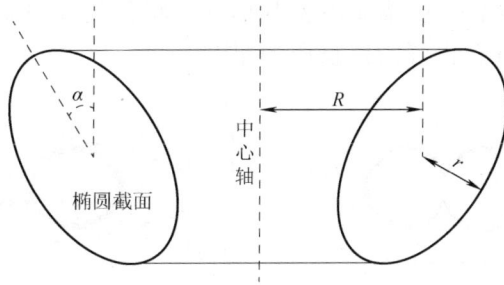

图 1.10 椭圆截面环形结构

1.2.2 多壳体结构

1. 多球形结构

多球形结构突破了球壳单舱室的局限，增大了内部空间，提升了下潜作业时间，如"Deep Investigation"号潜水器(图 1.11)和"DSRV"号潜水器(图 1.12)。但多球形结构依然无法克服球壳内部空间利用率低、缺陷敏感度高、水阻力大、机动性能差等缺点。

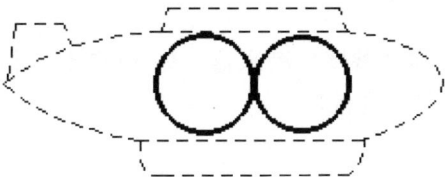

图 1.11 "Deep Investigation"号潜水器

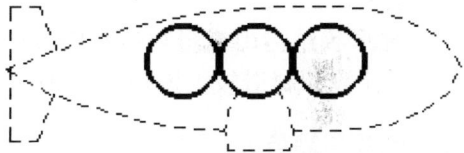

图 1.12 "DSRV"号潜水器

2. 球-柱交接形结构

球-柱复合结构，由柱形壳、球壳交接组成，如"Deep Sea"号潜水器(图 1.13)。球-柱复合结构，可通过围绕柱形壳外部，布置螺旋肋板来保证结构稳定性，如"Beaver"号潜水器(图 1.14)。球-柱复合结构中的柱形壳，在取合适的长径比后，可以提高内部空间利用率，降低制造成本[13]。此外，一些探索性研究提出了"糖葫芦串"的复合柱形概念结构。该结构由一系列球壳串接而成，结合了柱形和球形结构的特点，可最优协调高强度和高空间利用率等优点。

3. 波纹圆筒形结构

波纹圆筒形结构(图 1.15)，由多段不同形状的壳体通过法兰连接而成。该结构可分段制造，每段可根据实际需要改变其形状。将各段分别设计成锥形和球形段，试验测试发现球形段具有良好的抗挤压效果[14]。

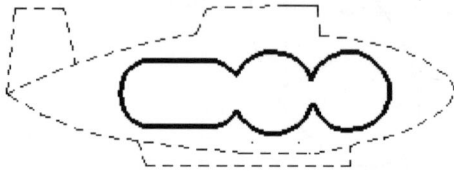

图 1.13　　"Deep Sea"号潜水器　　　　　图 1.14　　"Beaver"号潜水器

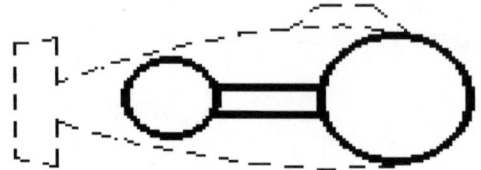

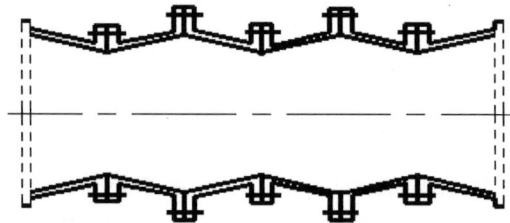

图 1.15　分段波纹圆筒壳体

4. 锥-柱交接形结构

锥-柱形状结构由锥形封头和圆柱壳组成，称"潜碟"潜水器，如"PC-4"号深潜器。因计算和制造较为困难，这种结构并没有得到推广。

1.2.3　问题与趋势

现有壳体结构存在诸多问题[15, 16]，以球形结构为例，在实际受载过程中，由于对缺陷非常敏感，发生失稳时的压力仅为理论值的 $1/4\sim1/3$[17]，安全性较差；依靠增大球半径来增大内部空间，半径的增大势必导致水阻力增大，降低潜水器的机动性；球形结构曲率较小，且处处相等，内部设备布置困难，空间利用率较低，人员舒适性变差，进而降低潜水器的人机环特性。此外，椭球形、圆柱形、环形、水滴形等结构，均无法最优协调这些性能，制约了深海潜水器的发展。

近年来，潜水器下潜深度及水下作业时间不断刷新纪录，而耐压壳结构的单舱室空间小、下潜作业时间短等缺陷，使得多段交接耐压壳结构开始备受关注[18]，但分段壳体轮廓及加强肋严重影响壳体整体结构的稳定性，一直是多段交接耐压壳发展的瓶颈。苟鹏和崔维成[19]对多球交接耐压壳的结构优化问题做了研究，总结了双球交接耐压壳的两种典型破坏模式，提出了三种新的多球交接形式。Garland[20]设计并制作了双球及三球两种交接形式的耐压壳。Hall 等[21]采用石墨/环氧树脂复合材料制造了双球型耐压壳的实物模型，并用钛合金环肋加强，与相同直径的钢质耐压壳相比，重量减轻了 46%。Liang 等[22]采用 EIPF 和 DFP 方法，研究了多球壳大深度潜水器耐压壳体的优化设计问题。Leon[23]试验研究了双球型钛合金耐压壳的环形加强肋对其失效载荷的影响规律。多球形耐压装备在一定程度上扩大了舱室空间，提高了人员舒适性，但仍然无法克服缺陷敏感度高、空间利用率低等缺点。

Magnucki 和 Jasion[24]认为交接的桶形耐压壳可以替代传统的圆柱形和球形耐压壳。Jasion 等[25-27]提出了分别由定常经线、卡西欧卵形线及回转球形曲线等旋转壳体交接而成的耐压壳，并进行了详细的试验及理论研究。Blachut 等[28-30]也对由定常经线旋转壳体交接而成的耐压壳进行了试验研究，得到了加强肋对壳体失稳破坏的规律。然而，这些异形结构依然无法克服缺陷敏感度高、空间利用率低等缺点。新型耐压壳体应避免球形、柱形等典型壳体缺点，能最优协调缺陷敏感度低、空间利用率高等优点的异形壳的探索性研究显得尤为重要。

1.3 蛋壳生物特性研究现状

1.3.1 几何特性

蛋壳为薄壳多孔质结构，从外到内依次由表皮层、栅层、突起层以及纤维薄层组成。Zhang 等研究了蛋壳的微观结构特点及其仿生应用[31, 32]；Alejandro 采用 X 射线衍射仪，研究了鸟蛋壳的微观结构排布方向和尺寸[33]；Darvizeh 等采用扫描电镜研究了鸡蛋壳微观结构的形貌及结构特征[34]；Riley 等采用透视微计算机断层扫描技术，对鸟蛋壳的微观结构进行了量化研究[35]。

蛋壳外形是以正高斯曲线为经线旋转而成的多焦点曲面，其表面每一点在经线和纬线方向都有两个曲率半径，每个曲率半径代表一小段圆弧，两段圆弧相互垂直[36, 37]。不同鸟类、禽类的蛋壳形状存在差异，一般采用形状特征参数和形状函数来描述其几何特征。其中，蛋壳形状特征参数包括长轴、短轴、中径、圆球度、表面积、体积、形状系数、延伸率、厚度、厚度系数等，这些特征参数之间存在近似的数学关系。蛋壳形状函数一般在笛卡儿坐标系或者极坐标系下建立：Lebedev[38]、Upadhyaya 等[39]、Narushin 等[40, 41]基于笛卡儿坐标系，建立了一系列蛋壳形状函数；2010 年，Buchar 基于极坐标，建立了鸡蛋壳函数[42]；2014 年，Nedomova 和 Buchar 基于极坐标，建立了 N-J 鹅蛋壳函数[43]。

1.3.2 力学特性

蛋类是一种复杂的生物结构，包含气室、黏性液体(由蛋黄和蛋白包裹形成)以及蛋壳。蛋壳给胚胎提供一个外部的骨架支撑，其具有如下特点：一方面，蛋壳具有足够的强度去支撑胚胎以及母体的重量，保证在整个孵化过程中胚胎的安全；另一方面，蛋壳的强度需适中，保证胚胎孵化结束后能顺利破壳而出[44]。可见，蛋壳可分为两种受载情况：一种是承受均布外压力，蛋壳可通过面内压力抵抗外载荷，这种情况是蛋壳承载的最理想状态；另一种是承受集中载荷，这种工况会使得蛋壳存在局部弯曲应力，导致其屈服乃至失效。

蛋壳是一种薄壳结构，其力学特性与厚度、尺寸、外形、材料等因素有关。国内外学者对蛋壳强度进行了大量研究，关注产蛋、运输、销售过程中蛋体的安全性，研究蛋壳承受集中载荷的情况。早在 1955 年，剑桥大学 Brooks 在 *Nature* 上发表了题为 *Strengh of the shell of the hen's egg* 的论文，根据大量试验数据，论述了鸡蛋壳在承受集中载荷情况下强度与几何参数、材料硬度和化学成分之间的关系[45]。有限元分析已成为蛋壳耐压特性研究的主流方法，Coucke 等采用有限元法对蛋壳的动静刚度进行过研究，发现厚度对蛋壳静刚度影响较大，形状系数对蛋壳动刚度影响大[46]；Darvizeh 等采用数值法研究了鸡蛋壳在单向受力工况下的强度及变形特性[47]；姜松和崔志平采用有限元法研究了不同加载方式下鸡蛋的静力学特性[48]；Buchar 采用数值法研究了在动态集中载荷作用下鸡蛋的动力学特性[42]；Zhang 等采用有限元与试验结合法研究了在静载荷方式下鸡蛋的力学特性[49]。

1.4　蛋形结构仿生研究现状

生命科学是技术创新的源泉，仿生方法是创新设计的重要手段，研究内容涵盖力学仿生、分子仿生、能量仿生、信息与控制仿生等领域。2006 年至今，在科学技术部、国家自然科学基金委员会及一些重点院校等单位的大力支持下，中国已经成功举办了四届仿生工程国际会议，标志着仿生学成为国内研究热点。近年来，仿生领域大量研究表明，针对一定环境中生活的典型生物，通过对其表面形态、微观结构、体表物质构成及运动状态等各个层面进行研究，可以获取性能更优越、更能满足实际需要的新型仿生产品。任露泉率先提出了多元耦合仿生的概念，指出生物体适应生存环境所表现出的各种功能，是生物表面形态、表层结构和材料等多个因素相互依存、相互影响、协同作用、耦合实现的结果。

蛋壳是一种最有效的承压结构，具有良好的重量强度比、跨距/厚度比、美学特性以及合理的材料分布，且其符合圆顶原理，无须额外加强支撑，利用最少材料就能获得足够的强度和稳定性，是一种优异的仿生模型[50]。因此，建筑领域广泛采用蛋形结构[51]。

梵蒂冈的圣彼得大教堂（图 1.16（a））由米开朗琪罗设计，结合了罗马式和巴洛克式建筑的穹顶型设计理念；君士坦丁堡的圣索菲亚大教堂(图 1.16(b))由米利都的伊西多尔和特拉勒斯的安提莫斯两位建筑师共同设计，他们在教堂顶部采用了圆顶支撑的设计理念；澳大利亚的悉尼歌剧院(图 1.16(c))由丹麦设计师约恩·乌松所设计，采用了局部圆弧顶的设计理念；伊拉克的巴格达烈士纪念碑(图 1.16(d))由建筑师穆罕穆德·埃特·图尔吉设计建造，整个碑身采用了类似于蛋壳类圆顶支撑的设计理念；英国伦敦的瑞士再保险总部大楼(图 1.16(e))由设计师诺曼·福斯特所设计，采用了蛋壳类穹顶型设计理念；印度孟买的 The Cybertecture Egg(图 1.16(f))则由建筑师 James Law Cybertecture Internation 所设计，其完全采用了蛋壳形结构的设计理念；国内的柳州国际会展中心(图 1.16(g))由总工程师邹翔监督建造，采用了钢结构蛋壳形的设计理念；国内的河南艺术中心(图 1.16(h))由加拿大设计师卡洛斯·奥特所设计，采用了类似于蛋壳类结构的设计理念；国内的国家大剧院(图 1.16(i))由法国建筑师保罗·安德鲁主持设计，剧院整体结构则完全采用了蛋壳形结构设计理念。

(a)圣彼得大教堂 (b)圣索菲亚大教堂 (c)悉尼歌剧院

(d)巴格达烈士纪念碑 (e)瑞士再保险总部大楼 (f) The Cybertecture Egg

(g)柳州国际会展中心 (h)河南艺术中心 (i)国家大剧院

图 1.16 具有蛋形结构的建筑

英国的 Exbury egg 则是一个拥有完整蛋形结构的木质空间(图 1.17),由 PAD Studio、the SPUD Group 以及 Stephen Turner 合作设计,他们利用当地材料与船舶制造技术建造了这个蛋形空间,其内部可同时容纳一张床、一个桌子、小火炉和一个房间,它既是一个住宅,也可以用作研究海水潮汐的实验室,是一个拥有完整储藏区和展示区的收集整理中心[52]。

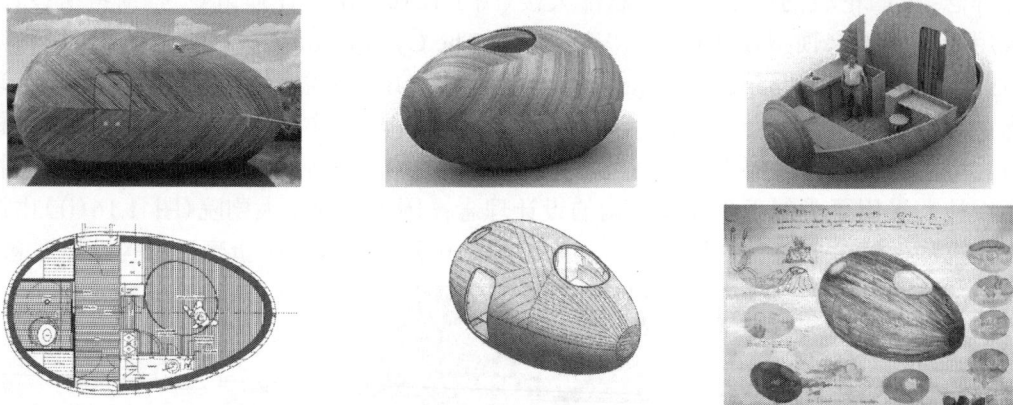

图 1.17 Exbury egg 外观与内部设计

1.5 壳体屈曲研究现状

1.5.1 计算方法

壳体屈曲特性分析方法主要有四种:经典解析法、稳定性理论、试验法和数值法[53,54]。

(1)经典解析法采用理论公式即可算出理想结构壳体的屈曲载荷,但很难分析包含几何非线性和材料非线性现象的缺陷壳体屈曲特性,致使计算结果与试验结果相差甚远,且解析法无法计算复杂形状、边界或载荷的壳体屈曲问题。因此,必须将解析法求出的屈曲载荷乘以一系列衰减系数来确定壳体最终失稳载荷,例如,CCS1996、RS2004、GL2009 等潜水器规范中对耐压壳的屈曲计算,以及 NASA SP-8007、NASA SP-8032 等规范中对柱形壳体、球形壳体的屈曲计算。但是,崔维成、Arbelo 等研究表明,现有规范中的壳体屈曲计算方法非常保守,无法在实际问题中进行有效应用[55]。

(2)近代壳体的稳定性理论主要包括:Karman 和 Tsien 提出的非线性大挠度稳定理论、Stein 提出的非线性前屈曲一致性理论及 Koiter 提出的初始后屈曲理论。其中，前两种理论针对理想壳体进行研究，没有考虑实际结构中不可避免的各种初始缺陷影响；而 Koiter 理论将缺陷敏感度和理想壳体的初始后屈曲特性联系在一起，揭示了屈曲的跳跃性与原始初始缺陷理论的相互关系，但作为渐近理论，其局限在于仅适用于分支点附近的平衡状态，不能分析大范围内的后屈曲和较大缺陷影响，且限于保守系统[56]。

(3) 试验法是研究壳体屈曲特性最为直接的方法，但是在前期设计阶段，进行试验研究是不可能的。此外，试验法具有周期长、费用高，需要复杂试验设备等缺点。因此，数值法被广泛用于替代试验研究，当然复杂问题仍然需要数值法和试验法联合研究。基于数值法的壳体屈曲特性研究方法主要包括线性屈曲分析和非线性屈曲分析。其中，线性屈曲分析无法考虑缺陷影响及非线性特性，仅能分析理想线弹性壳体的屈曲特性，致使计算结果与试验结果相差甚远。非线性屈曲分析则考虑了初始缺陷、材料塑性、结构大变形等因素，通过缺陷壳体的几何和材料非线性分析，可直接算出壳体的实际屈曲载荷，无须考虑任何衰减系数[57]。

(4) 数值法已成为研究球形壳体、柱形壳体屈曲特性的主流方法。Pan 和 Cui 采用非线性有限元法，分析了不同壁厚条件下球形耐压壳的极限强度，并对四个球形耐压壳比例模型进行静水压力试验，验证了计算方法的正确性[58]；陆蓓等认为对于深海载人潜水器耐压球壳可以直接根据有限元计算确定其极限强度[59]；Ismail 等采用非线性有限元法研究轴压复合材料柱形壳体的屈曲载荷及失稳模式[60]；Bisagni 对轴压复合材料柱形壳体的屈曲和后屈曲特性进行了数值分析与试验验证[61]；Iwicki 等对某大型钢质筒仓进行了线性、非线性屈曲有限元分析及抗屈曲设计[62]。但是，由于形状和尺寸的缺陷、材料非线性等因素对壳体屈曲特性影响非常大，合理的深海蛋形耐压壳屈曲特性分析方法有待进一步研究。

1.5.2 壳体弹塑性屈曲

壳体具有良好的承载能力，在船舶、海工、航空、航天等领域得到广泛应用。其中，球、柱、锥、桶等形状的中厚回转壳广泛应用于船舶与海工领域，弹塑性屈曲为主要失效机理。例如，对于大深度载人潜水器，其耐压壳为中厚度球壳，当结构达到承载极限时，其材料已处于非线性状态，属于弹塑性失稳机制。Zhang 等[63]对 10 个不锈钢球壳($R/t \approx 187$, $R/t \approx 107$)进行了静水外压测试和非线性有限元分析，表明这些球壳的破坏均属于弹塑性失稳，采用弹塑性或者理想弹塑性本构模型可获得精确结果；Ifayefunmi 和 Blachut[64]对轴压柱形壳($25 < R/t < 100$)的弹塑性屈曲特性进行了理论计算和试验验证，结果表明基于理想弹塑性材料模型的非线性屈曲计算结果与试验结果吻合良好；Blachut 等[14,29]通过比例模型试验和有限元分析，研究了静水外压作用下经线为圆弧的低碳钢桶形壳($32 < R/t < 80$)的弹塑性失稳机制，认为经

线为正高斯曲线的回转壳具有良好的承载能力，采用理想弹塑性材料模型进行非线性屈曲分析可精确预测外压桶形壳的屈曲载荷。

此外，鉴于中厚锥形壳体是水下海工装备的常用关重件（关键部件和重要部件统称为关重件），Blachut 等[65-67]运用理论和试验方法研究了轴压、侧向外压及组合压力等载荷作用下，低碳钢锥形壳体的失稳机制以及材料影响规律（壁厚 $t=3$mm、$t=2$mm；锥角 $b=26°$，$b=14°$；大端半径 $r_2=100$mm；大小端半径比 $r_2/r_1=2$、$r_2/r_1=3$）；发现这些壳体的屈曲载荷远大于其首次屈服载荷，失稳机理均为弹塑性屈曲，材料模型的选取与载荷工况密切相关、相互影响。综上所述，虽然各类中厚壳的屈曲特性被广泛研究，但是，不同几何、材料、边界、载荷的壳体屈曲机理不尽相同，深海蛋形耐压壳是承受静水外压的中厚回转壳，具有独特的纬线形状，其失稳机制及几何材料影响规律有待研究。

1.5.3 缺陷壳体屈曲

壳体具有良好的承载能力，被广泛应用于船舶、海工、航空、航天等领域。但是，壳体屈曲特性分析是一项具有挑战性的工作，缺陷、几何非线性、材料非线性等因素均会导致其屈曲载荷明显下降[26]。造成缺陷的原因是多方面的，如制造、存储、运输、安装和使用等[64]。其中，制造所造成的初始几何缺陷是壳体屈曲载荷下降的主要原因，一般通过引入等效几何缺陷来研究壳体屈曲特性。根据形状不同，可将等效几何缺陷分为模态缺陷、凹坑缺陷、对称缺陷、偏心缺陷、焊缝缺陷等，图 1.18 为典型轴压柱形壳的四种等效几何缺陷。其中，模态缺陷由理想形状壳体的线性特征值屈曲分析所得的失稳模式来定义，而其他等效几何缺陷则根据壳体的制作工艺及受载工况，结合相关试验建立特定形式的数学函数来定义[68,69]。Koiter 首次研究了非完善壳体的稳定性一般准则，并提出了"缺陷敏感度"的概念。根据现有规范，几何缺陷的形状应取最差缺陷（即导致壳体屈曲载荷下降最快的缺陷），在最差缺陷形状未知的情况下，建议采用模态缺陷来分析壳体的屈曲特性。第一阶线性屈曲失稳模式往往被作为最差缺陷引入，来研究壳体的屈曲特性[57]。但是，对具有相近空间特征值壳体（如蛋形壳体），存在多模态屈曲现象，第一阶线性屈曲失稳模式往往不是最差缺陷，高阶线性屈曲失稳模式也可能导致较低的屈曲载荷，且不同失稳模式的相互作用对壳体屈曲特性影响极大。

等效缺陷条件下各类壳体的屈曲特性始终是研究焦点。崔维成、王自力等通过引入模态缺陷、局部凹坑缺陷来研究球形耐压壳的屈曲载荷，为深海潜水器耐压壳的设计与计算提供理论指导[70,71]；Jasion 等分析了各种形状回转壳在一阶模态缺陷条件的屈曲载荷、平衡曲线及失稳模式[27,72,73]；Castro 等系统研究了模态缺陷对轴压柱形壳体屈曲特性的影响规律，表明柱形壳体属于相近空间特征值结构，最差缺陷并非第一阶线性屈曲失稳模式[74]；Hühne 等提出采用单一摄动载荷缺陷（SPLI）来研究柱形壳体的屈曲特性，并与模态缺陷结果、试验结果作对比分析，认为模态缺陷结果过于保守，SPLI 结果与试验结果吻合良好[75]；Blachut 通过对比单一摄动载荷缺陷、模态缺陷、局部凹坑缺陷对蝶形封头屈曲影响规律，也得出与 Hühne 相似结论[76,77]。可见，寻求蛋形耐压壳的最差等效缺陷固然重要，但是确定与试验结果更为吻合、非保守的等效缺陷，同时保证结构的安全性和经济性，更具有现实意义。

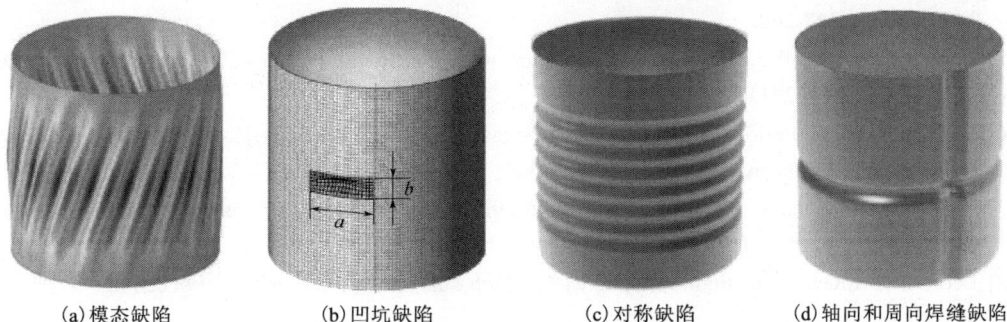

(a) 模态缺陷　　　　(b) 凹坑缺陷　　　　(c) 对称缺陷　　　　(d) 轴向和周向焊缝缺陷

图 1.18　典型轴压柱形壳的四种等效几何缺陷

参 考 文 献

[1] Zhang J, Zuo X L, Wang W B. Overviews of investigation on submersible pressure hulls[J]. Advances in Natural Science, 2014, 7(4): 54-61.

[2] MacKay J R. Department of precision and micro systems engineering on lightweight design of submarine pressure hulls[D]. Delft: Delft University of Technology, 2012.

[3] Reynolds T, Lomacky O, Krenzke M. Design and analysis of small submersible pressure hulls[J]. Computers and Structures, 1973, 3: 1125-1143.

[4] Ma L, Cui W C. Path following control of a deep-sea manned submersible based upon NTSM[J]. China Ocean Engineering, 2005, 19(4): 625-636.

[5] 朱继懋. 潜水器设计[M]. 上海: 上海交通大学出版社, 1992.

[6] Ness C C, Simpson W. A new submarine paradigm [J]. Naval Engineers Journal, 2000, 112 (4): 143-151.

[7] 伍莉, 孟凡明, 陈小宁, 等. 藕节形大深度潜水器耐压壳体优化设计[J]. 船舶力学, 2008, (01): 100-109.

[8] 潘涛. 深潜器耐压结构强度分析与优化设计[D]. 哈尔滨: 哈尔滨工程大学, 2010.

[9] Elsayed F, Qi H, Tong L L, et al. Design optimization of composite elliptical deep-submersible pressure hull for minimizing the buoyancy factor[J]. Hindawi Publisliing Corporation Advances in Meclianical Engineering, 2014. Retrieved from http://dx.doi.org/10.1155/ 2014/987903.

[10] Burcher R, Rydill L. Concepts in Submarine Design [M]. Cambridge: Cambridge University Press,

1994.

[11] Blachut J, Jaiswal O R. Buckling of toroidal hulls under external pressure[J]. Computer & Structures, 2000, 77: 233-251.

[12] Blachut J. Buckling and first ply failure of composite toroidal pressure hull[J]. Computers and Structures, 2004, 82: 1981-1992.

[13] 刘涛. 大深度潜水器结构分析与设计研究[D]. 无锡: 中国船舶科学研究中心, 2001.

[14] Blachut J, Smith P. Buckling of multi-segment underwater pressure hull[J]. Ocean Engineering, 2008, 35(2): 247-260.

[15] Babich D V. Stability of shells of revolution with multifocal surfaces[J]. International Applied Machanics, 1993, 29(11): 935-938.

[16] Woelke P. Computational model for elastic-plastic and damage analysis of plates and shells[D]. Baton Rouge: Louisiana State University, 2005.

[17] Tsien H S, Finston M. Interaction between parallel streams of subsonic and supersonic velocities[J]. Journal of Ship Mechanics, 2011, 15(3): 276-285.

[18] Leon G F. Intersecting titanium spheres for deep submersibles[J]. ASCE Proceedings 97, 1971: 981-1006.

[19] 苟鹏, 崔维成. 多球交接耐压壳结构优化问题的研究[J]. 船舶力学, 2009,13(2): 269-277.

[20] Garland C. Design and fabrication of deep-diving submersible pressure hulls[J]. SNAME Transactions, 1968, 76(6): 161-179.

[21] Hall J C, Leon G F, Kelly J J. Deep submergence design of intersecting composite spheres [C]. Composites-Design, Manufacture and Applications, SAMPE, 1991, 2F1-2F12.

[22] Liang C C, Shiah S, Jen C Y. Optimum design of multiple intersecting spheres deep- submerged pressure hull[J]. Ocean Engineering, 2004, 31(2): 177-199.

[23] Leon G F. Intersecting titanium spheres for deep submersibles[J]. Engineering Mechanics Division, 1971, 97(3): 981-1006.

[24] Magnucki K, Jasion P. Analytical description of pre-buckling and buckling states of barreled shells under radial pressure[J]. Ocean Engineering, 2013, 58(15): 217-223.

[25] Jasion P. Stability analysis of shells of revolution under pressure conditions[J]. Thin-walled Structures, 2009, 47(3): 311-317.

[26] Jasion P, Magnucki K. Elastic buckling of barrelled shell under external pressure[J]. Thin-walled Structures, 2007, 45: 393-399.

[27] Jasion P, Magnucki K. Elastic buckling of clothoidal-spherical shells under external pressure-theoretical study[J]. Thin-walled Structures, 2015, 86: 18-23.

[28] Blachut J, Wang P. Buckling of barreled shells subjected to external hydrostatic pressure[J]. Journal of Pressure Vessel Technology, 2001, 123(2): 232-239.

[29] Blachut J. Buckling of externally pressurized barreled shells: a comparison of experiment and theory[J]. International Journal of Pressure Vessels and Piping, 2002, 79(7): 507-517.

[30] Blachut J. Experimental perspective on the buckling of pressure vessel components[J]. Applied

Mechanics Reviews, 2013, 66(1): 010803 (24 pages).

[31] Zhang J Z, Wang J G, Ma J J. Porous structures of natural materials and bionic design[J]. Journal of Zhejiang University-Science A, 2005, 6(10):1095-1099.

[32] Zhang J Z, Wang J G, Ma J G, et al. State of the art of study on eggshells[J]. Journal of Functional Materials, 2005, 36(4):503-560.

[33] Alejandro R N. Fast quantification of avian eggshell microstructure and crystallographic- texture using two-dimensional X-ray diffraction[J]. British Poultry Science, 2007, 48(2):133-144.

[34] Darvizeh A, Rajabi H, Nejad S F, et al. Biomechanical properties of hen's eggshell: Experimental study and numerical modeling[J]. World Academy of Science, Engineering and Technology, 2013, 7:456-459.

[35] Riley A, Sturrock C J, Mooney S J, et al. Quantification of eggshell microstructure using X-ray micro computed tomography[J]. British Poultry Science, 2014, 55(3):311-320.

[36] Babich D V. Stability of shells of revolution with multifocal surfaces[J]. International Applied Mechanics, 1993, 29(11):935-938.

[37] http://shodhganga.inflibnet.ac.in/bitstream/10603/1231/9/09_chapter%201.pdf.

[38] Lebedev J S. Architecture and Bionics (In Russian)[M]. Alfa: Bratislava, 1982.

[39] Upadhyaya S K, Cook J R, Gates R S, et al. A finite element analysis of the mechanical and thermal strength of avian eggs[J]. Journal of Agricultural Engineering Research, 1986, 33:57-58.

[40] Narushin V G, Romanov M N. Physical characteristics of chicken eggs in relation to their hatchability and chick weight[J]. World's Poultry Science Journal, 2002, 58:297-303.

[41] Narushin V G. Shape geometry of the avian egg[J]. Journal of Agricultural Engineering Research, 2001, 79(4): 441-448.

[42] Buchar J. Numerical modelling of the hen's egg behaviour under impact loading[J]. 2010 FOODSIM in CIMO Research Centre, Braganca, Portugal, 2010, 1: 159-162.

[43] Nedomova S, Buchar J. Goose eggshell geometry[J]. Research in Agricultural Engineering, 2014, 60(3): 100-106.

[44] Nedomova S, Buchar J, Strnkova J. Goose's eggshell strength at compressive loading[J]. Potravinarstvo Scientific Journal for Food Industry, 2014, 8(1): 54-61.

[45] Brooks D J, Hale H P. Strength of the shell of the hen's egg[J]. Nature, 1955, 175(4463): 848-849.

[46] Coucke P, Jacobs G, Sas P, et al. Comparative Analysis of the static and dynamic mechanical eggshell behaviour of a chicken egg[J]. Retrieved from www.isma-isaac.be/publications/PMA_ MOD_publications/ISMA23/p1497p1502.pdf.

[47] Darvizeh A, Rajabi H, Fatahtooei S, et al. Biomechanical properties of hen's eggshell: Experimental study and numerical modeling[J]. World Academy of Science, Engineering and Technology, 2013, 7(6): 456-459.

[48] 姜松, 崔志平. 不同加载方式下的鸡蛋静力学特性和有限元分析[J]. 食品科学, 2009, 30(21): 90-93.

[49] Zhang R, Wang C S, Zhang K, et al. Compressive properties study and finite element analysis on

duck eggshell[J]. Applied Mechanics and Materials, 2014, 618: 598-602.

[50] Ar A, Rahn H, Paganelli C V. The avian egg: mass and strength[J]. The Cooper Ornithological Society, 1979, 81:331-337.

[51] Zhang J, Wang M L, Wang W B, et al. Biological characteristics of eggshell and its bionic application[J]. Open Cybernetics & Systemics Journal, 2015, 8(1): 41-50.

[52] http://www.exburyegg.org.

[53] Kollár L P. Buckling of rectangular composite plates with restrained edges subjected to axial loads[J]. Journal of Reinforced Plastics & Composites, 2014, 33(23): 2174-2182

[54] Tomás A, Tovar J P. The influence of initial geometric imperfections on the buckling load of single and curvature concrete shells[J]. Computers and Structures, 2012, 97(4): 34-45.

[55] Arbelo M A, Degenhardt R, Castro S G P, et al. Numerical Characterization of Imperfection Sensitive Composite Structures[J]. Composite Structures, 2014, 108(1):295-303.

[56] 周利, 黄义. 薄壳非线性稳定理论的最新发展[J]. 建筑钢结构进展, 2006, 8(4):23-32.

[57] Eurocode3-Design of Steel Structures-Part 1-6: Strength and Stability of Shell Structures[S]. Published by European Committee for Standardization in 2007, 2007.

[58] Pan B B, Cui W C. Experimental Verification of the New Ultimate Strength Equation of Spherical Pressure Hulls[J]. Marine Structures, 2012, 29(1):169-176.

[59] 陆蓓, 刘涛, 崔维成. 深海载人潜水器耐压球壳极限强度研究[J]. 船舶力学, 2004, 14(1): 51-58.

[60] Ismail M S, Purbolaksono J, Andriyana A, et al. The use of initial imperfection approach in design process and buckling failure evaluation of axially compressed composite cylindrical shells[J]. Engineering Failure Analysis, 2015, 51(5):20-28.

[61] Bisagni C. Numerical analysis and experimental correlation of composite shell buckling and post-buckling[J]. Composites Part B: Engineering, 2000, 31(8):655-667.

[62] Iwicki P, Wójcik J, Teichman J. Failure of cylindrical steel silos composed of corrugated sheets and columns and repair methods using a sensitivity analysis[J]. Engineering Failure Analysis, 2011, 18(8):2064-2083.

[63] Zhang J, Zhang M, Tang W X, et al. Buckling of spherical shells subjected to external pressure: A comparison of experimental and theoretical data[J]. Thin-walled Structures, 111C (2017) 58-64. DOI: 10.1016/j.tws. 2016.11.012.

[64] Ifayefunmi O, Blachut J. Combined stability of unstiffened cones-theory experiments and design coeds[J]. International Journal of Pressure Vessels and Piping, 2012, 93: 57-68.

[65] Blachut J. Combined stability of geometrically imperfect conical shells[J]. Thin-walled Structures, 2013, 67: 121-128.

[66] Blachut J, Ifayefunmi O. Buckling of unstiffened steel cones subjected to axial compression and external pressure[J]. Journal of Offshore Mechanics and Arctic Engineering, 2012, 134(3): 031603.

[67] Blachut J, Muc A, Rys J. Plastic buckling of cones subjected to axial compression and external

pressure[J]. Journal of Pressure Vessel Technology, 2013, 135(1): 011205.

[68] Herbert S. Stability of steel shell structures general report[J]. Journal of Constructional Steel Research, 2000, 55(1): 159-181.

[69] Winterstetter T A, Schmidt H. Stability of circular cylindrical steel shells under combined loading[J]. Thin-walled Structures, 2002, 40(10): 893-909.

[70] Pan B B, Cui W C, Shen Y S, et al. Further study on the ultimate strength analysis of spherical pressure hulls [J]. Marine Structures, 2010, 23(4): 444-461.

[71] 王自力, 王仁华, 俞铭华, 等. 初始缺陷对不同深度载人潜水器耐压球壳极限承载力的影响 [J]. 中国造船, 2007, 48(2): 45-50.

[72] Jasion P, Magnucki K. Elastic buckling of Cassini ovaloidal shells under external pressure-theoretical study[J]. Archives of Mechanics, 2015, 67(2): 179-192.

[73] Magnucki K, Jasion P. Analytical description of pre-buckling and buckling states of barrelled shells under radial pressure[J]. Ocean Engineering, 2013, 58: 217-223.

[74] Castro S G P, Zimmermann R, Arbelo M A, et al. Geometric imperfections and lower-bound methods used to calculate knock-down factors for axially compressed composite cylindrical shells[J]. Thin-walled Structures, 2014, 74: 118-132. DOI: 10.1016/j.tws.2013.08.011.

[75] Hühne C, Rolfes R, Breitbach E, et al. Robust design of composite cylindrical shells under axial compression-simulation and validation[J]. Thin-walled Structures, 2008, 46(7): 947-962.

[76] Blachut J. Locally flattened or dented domes under external pressure[J]. Thin-walled Structures, 2015, 97: 44-52.

[77] Blachut J. Buckling of composite domes with localised imperfections and subjected to external pressure[J]. Composite Structures, 2016, 153: 746-754.

第2章 蛋壳生物学特性

仿生学基本内涵不可或缺的要素是生物，即仿生的模本，探究生物形成的机理、特征，是仿生模拟的首要途径。仿生学的任务就是研究生物、生活、生境模本的优异能力及其产生的原理，并将其模型化或模式化。本章主要以鹅蛋壳为研究对象，对其几何学特性与抗压特性进行深入探索，其中，蛋壳几何学特性的研究内容包括尺寸分析、形状分析以及厚度分析，通过开展上述蛋壳几何学特性分析，可以掌握蛋壳长轴、短轴、蛋形系数以及厚度分布规律，同时了解蛋壳对称性情况、轮廓函数及体积与表面积。蛋壳抗压特性则包括蛋壳生物材料力学参数测试与静水压力试验，通过开展蛋壳生物材料力学参数测试，可以获得蛋壳材料的表观弹性模量与泊松比，为后续蛋壳数值分析提供力学参数；通过开展蛋壳静水压力试验，可以研究蛋壳真实抗压能力与破坏形式。本章组织结构如图 2.1 所示。

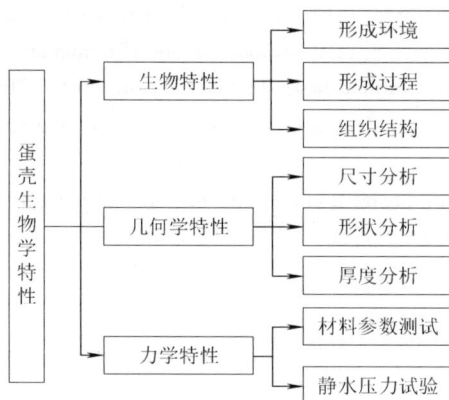

图 2.1　组织结构图

2.1　生 物 特 性

先有鸡还是先有蛋？这一问题争论了几个世纪。近代研究发现，答案是先有蛋。蛋是繁衍后代的初级细胞，动物（如恐龙——鸟类的鼻祖）在破壳而出前，已经在蛋里生存了几百万年。325 万年前的石炭纪时期，类似蜥蜴的小型羊膜动物已经可以产下带有羊膜的蛋。此后，羊膜动物很快分成了两大类：一种是后期成为哺乳类的脊椎类；另一种是无脊椎类[1]。人类等哺乳动物在体内拥有受精卵，受精卵发育初期摄取的营养和获得的保护都直接来自母亲。产蛋类动物则需要在体内形成一个包裹，将小生命放在里面，然后将形成的蛋排出体外。早期，蛋是由柔软的膜和不坚硬的外壳组成的，颜色透明、呈胶状，很容易干瘪，因此早期的蛋为了发育和孵化大多放置在水中或水边。

经过 100 万年的进化演变，蛋的表面形成了由坚硬的外壳和通气的薄膜组成的羊水保护罩，便可生存在干旱的陆地上。进化的蛋壳使得蛋可以脱离水环境进行繁殖，这是重大的转变。这个特点成为陆地上一些动物最主要的生存方式。即便如此，蛋的生存依然面临挑战，时刻需要母辈的呵护。

2.1.1　形成环境

以鸡为例，输卵管位于鸡背侧区域的腹腔中，形状如曲折的管子，如图 2.2 所示。输卵管有四个组织结构：黏膜、黏膜下层、肌层和浆膜。黏膜是由复层上皮纤毛和黏膜固有层构成的；黏膜下层是一层有许多血管的结缔组织，使黏膜呈褶皱状；肌层是由平滑肌细胞形成的内部循环层和外部纵向层构成的；浆膜位于输卵管最外层，是一层束状间皮[2]。

输卵管主要分为五个部分，分别为卵漏斗 a、蛋白部 b、峡部 c、子宫 d 和阴道 e[3]。卵漏斗分两个部分：朝向卵巢的薄壁狭长开口；连接蛋白部的厚壁管状部分（颈部），该部分长约

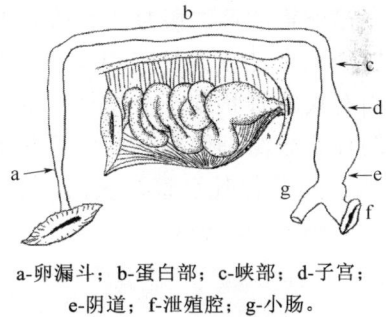

a-卵漏斗；b-蛋白部；c-峡部；d-子宫；
e-阴道；f-泄殖腔；g-小肠。

图 2.2　鸡输卵管

16cm，直径约 7mm。在薄壁狭长开口区域，黏膜上皮有管状腺（图 2.3），且有较多柱状纤毛细胞，分泌细胞很少，该区域主要实现卵细胞的捕捉，如图 2.4 所示。在颈部区域，黏膜组织和褶皱都较多（图 2.5），黏膜上皮主要由柱状纤毛细胞和分泌细胞组成。平滑肌细胞交错排列，使褶皱的卵漏斗内在卵泡裂开和捕获卵母细胞时具有一定的流动性[3,4]，如图 2.6 所示。

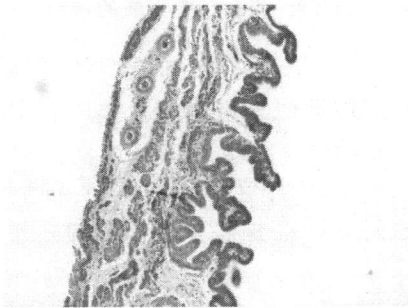

图 2.3　卵漏斗黏膜上皮管状腺体

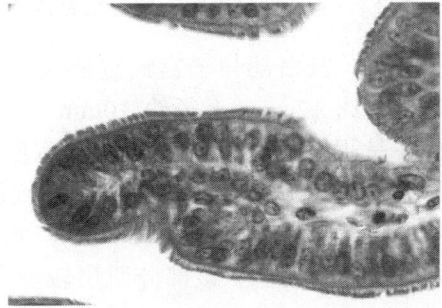

图 2.4　卵漏斗柱状纤毛细胞和杯状分泌细胞

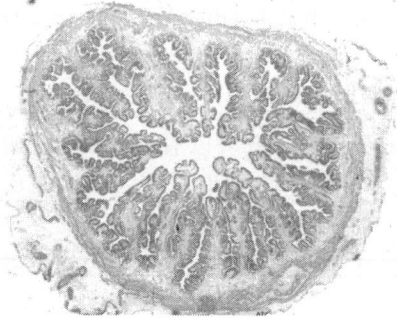

图 2.5　卵漏斗颈部黏膜组织

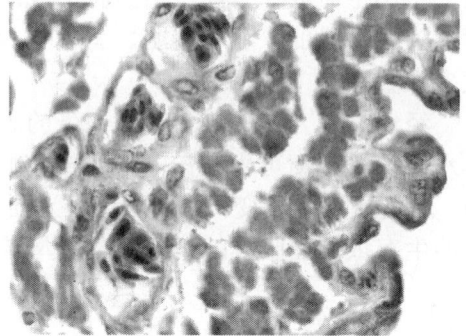

图 2.6　卵漏斗肌层

　　输卵管的第二段是蛋白部,是输卵管最长的部分,长约 46cm,直径约 17mm。蛋白部的直径较大且壁较厚,主要是由大量腺体挤进黏膜褶皱引起的。该区域的黏膜固有层的管状腺十分发达,因而褶皱非常大(图 2.7)。黏膜上皮具有近似 1：1 分布的杯状分泌细胞和柱状纤毛细胞,故而这段的分泌较强。卵细胞在通过该区域的 3h 内,可获得几乎整个蛋白,如图 2.8 所示。此外,该处肌层与卵漏斗区域具有近似的结构组织,但更发达[3]。

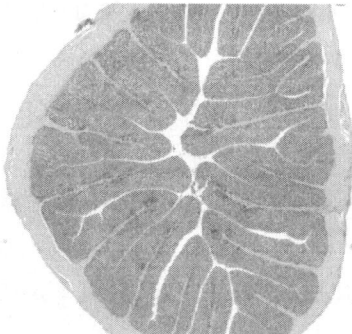

图 2.7　蛋白部黏膜固有层管状腺体

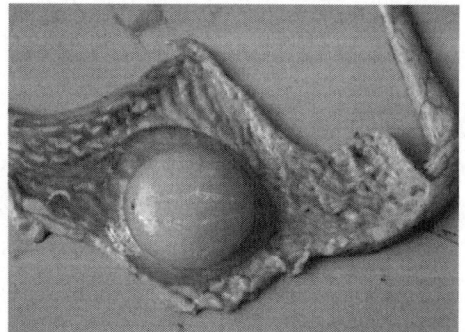

图 2.8　蛋白部中形成的蛋清

　　峡部,蛋白部与子宫通过狭长管状连接的部分。该处主要由透明的结缔组织构成,长约 12cm,直径约 10mm。它的形态和结构类似于蛋白部,但固有层的管状腺不是很发达,褶皱的高度和宽度都较小,如图 2.9 所示。该区域的黏膜上皮层具有近似 1：1 分布的杯状分泌细胞和柱状纤毛细胞,但在褶皱的表面分布着大量的分泌细胞,如图 2.10 所示。峡部分泌的 PAS 阳性物质,呈条状或丝状,是壳外膜的主要材料。该部分肌层较蛋白部发达,尤见内部循环层平滑肌,如图 2.11 所示。

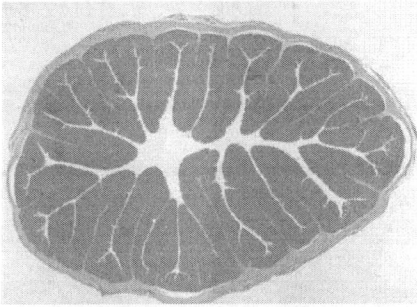

图 2.9　峡部黏膜固有层管状腺体

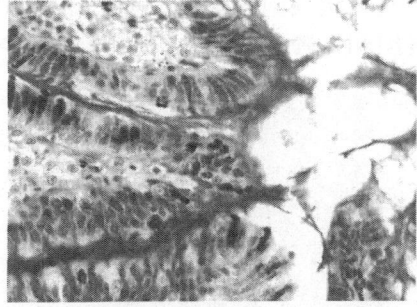

图 2.10　峡部柱状纤毛细胞和杯状分泌细胞

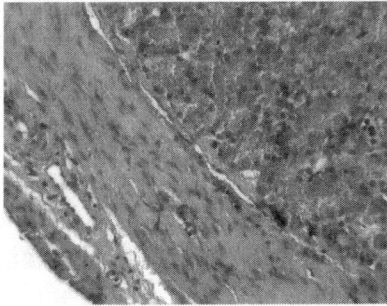

图 2.11　峡部肌层

子宫长约 7cm，颜色偏红，前端为管状，后端如囊袋状。在整个产蛋周期中，蛋在子宫的时间超过总周期的 4/5。蛋通过螺旋运动进入子宫内。子宫内的黏膜皱褶较小（图 2.12），蛋壳在该处最终形成。肌层最发达，两层平滑肌组织之间有大血管（图 2.13），有利于实现蛋的旋转。

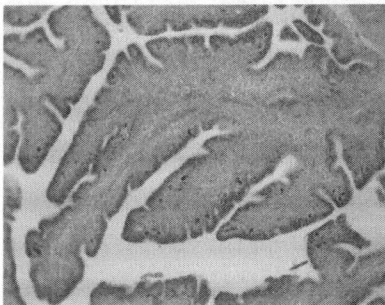

图 2.12　子宫黏膜褶皱

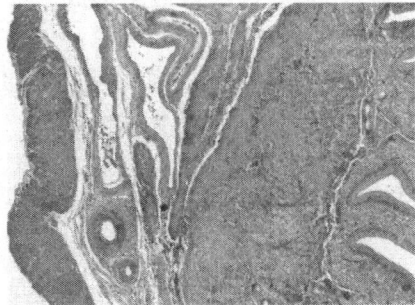

图 2.13　子宫肌层

阴道位于输卵管末端，是非常扭曲的肌肉管，通过结缔组织与子宫相连，长约 4cm，直径约 8.5mm。这部分黏膜固有层缺乏管状腺（图 2.14），证明角质层是由黏膜上皮杯状细胞分泌而成的。该区域有很发达的肌层，平滑肌组织周围有较多的结缔组织和血管(图 2.15)，可以完成许多动作，是顺利产蛋的重要因素。

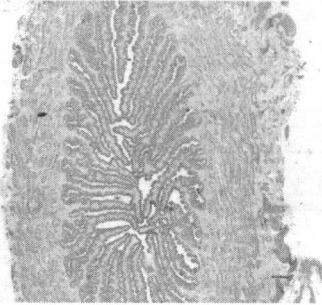

图 2.14　阴道黏膜

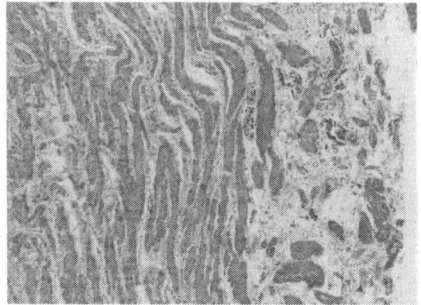

图 2.15　阴道肌层

2.1.2　形成过程

鸡的产蛋周期一般为 26h。在产蛋结束后，间隔 0.5h，卵细胞再次进入输卵管的卵漏斗，形成卵黄膜，并在该处受精；0.5h 后，进入蛋白部，历经 3h，形成几乎整个卵黄蛋白。在进入蛋白部时，卵漏斗会产生一种激活酶，蛋在蛋白部螺旋式前进时，激活酶促使蛋白分离，两极扭转形成卵黄系带[5]；峡部内，历经 1h，形成粗糙的壳内、外膜；然后在子宫内花费 20h，形成钙质壳[4](95%的碳酸钙和 5%的有机材料[6])。蛋在子宫中，大部分时间是尖端在前，但在产前 1h 左右，历经 1～2min 整个蛋旋转了 180°[3]，当蛋产下时，钝端先出母体。旋转的机制尚不清楚，可以认为是子宫的肌肉收缩，使蛋旋转。产蛋的过程，不是从子宫到泄殖腔慢慢蠕动排出体外，而是包裹蛋的整个子宫脱出泄殖腔，蛋排出后，子宫收缩回体内[3]。

纵观产蛋周期，蛋最早形成于卵巢附近，钝端朝向卵巢，最终形成于输卵管的子宫。初期，蛋壳厚度钝端薄，尖端和中间厚，随着胚胎的发育，蛋壳厚的区域的钙充作骨骼的原料，最终壳厚基本相同[1]。蛋形成初期，在输卵管壁面肌肉挤压作用下不断旋转，形成光滑对称结构。当鸡在输卵管壁面肌肉旋转蛋时受到攻击或创伤，会形成不对称、粗糙的蛋，使得产蛋过程困难，甚至导致鸡难产死亡[1,7]。

蛋内生存环境，类似于设施齐全的度假区，可以提供胚胎生存的所有养料，但仍需要外界的呵护。例如，母鸡需要保证鸡蛋具有可以新陈代谢的恒温条件，如空气湿度[1]。蛋壳形成初期，壳内必须具有胚胎生长所需的足够养料。蛋的物理特性(包括重量、壳厚、孔隙度、形状指数等)在胚胎发育和孵化过程中起着至关重要的作用。胚胎发育周期，如图 2.16 所示，蛋开始孵化时，幼小生命首先用喙啄透壳膜，肺部充满空气，此时壳内充满 CO_2，促使幼小生命用力啄开蛋壳[8]。

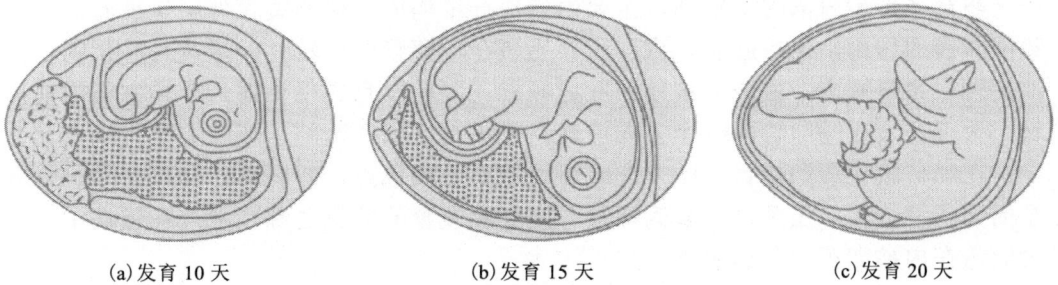

(a)发育 10 天　　　　　　(b)发育 15 天　　　　　　(c)发育 20 天

图 2.16　胚胎发育过程

2.1.3　组织结构

蛋的形状大小各异，主要与胚胎发育大小有关。蛋有球形，如猫头鹰和翠鸟的蛋，也有横切面是椭圆的蛋，但大多数的蛋形还是如鸡蛋一样，存在大、小端之分（钝端、尖端）。蛋在进入峡部之前，蛋黄和蛋白通过卵黄系带连接，外面包裹着一层没有钙化的膜，其形状大都一样，形成蛋壳的峡部是影响蛋形的关键部分。峡部和子宫之间的类似括约肌的收缩是影响蛋形的重要因素。

1. 蛋结构

蛋的主要组成部分，从外至内依次是：壳、气室、蛋清（蛋白）、卵黄外膜、卵黄系带、卵黄内膜、羊膜和蛋黄，见图 2.17。

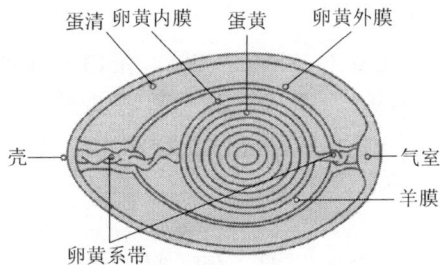

图 2.17　蛋结构

刚产下的蛋冷却、内部水分蒸发后，蛋钝端的内部会产生气室。随着胚胎的成熟，气室在不断扩大。蛋白与壳之间的壳内膜，保护胚胎。壳内膜靠蛋白一面较为光滑，铺在壳内表面的一面相对粗糙。蛋内部透明的液体细胞质称为蛋白。蛋白有 88%的水，剩下的主要是糖蛋白，其中卵白蛋白最丰富。卵黄膜包裹着蛋黄，有内外两层：内层，透明，与蛋黄环绕着胎盘；外层，白色，包裹着整个蛋黄和卵带。

卵黄系带是内部的旋转轴，主要由蛋白纤维构成，被卵黄膜外层包裹着，起到吸能减震的作用，保持胚胎一直向上。当蛋在输卵管内旋转时，蛋黄是静止的，蛋清旋转，系带螺旋。蛋壳的旋转使胚盘倾斜，胚胎发育成以头部为旋转方向的前后轴。大部分蛋在输卵管向一个方向旋转，且尖端朝向泄殖腔，胚胎尖端指向旋转方向。在卵黄膜包裹的蛋黄表面，肉眼可以观察到白色点，即胚盘，其包含 DNA 分子的卵子细胞质。蛋黄，一般为球形，是胚胎发育的能量之源，悬浮在蛋清中，包含胎盘在内被卵黄膜包裹着[6]。

2. 蛋壳结构

蛋壳的主要成分是碳酸钙。蛋壳主要由三层构成：角质层、基质层、壳膜，见图 2.18。在褐色的角质层和壳膜之间存在多层囊泡的白色蛋白质结构，称蛋白质基质层，是由黏膜的上皮细胞和颗粒细胞在产卵后 7～20h 钙化后形成的[2]。

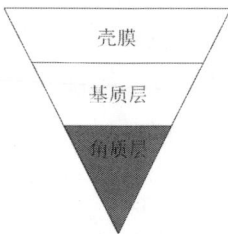

图 2.18　蛋壳结构

此外，蛋壳结构从里到外又可细分为五层，第一层蛋壳内膜(被中国药典二部称为凤凰衣，它的主要成分为纤维蛋白、角蛋白与黏多糖组成的复杂蛋白质，占蛋壳总重量 15%～17%)；第二层蛋壳外膜；第三层乳头状锥形层；第四层栅状层(海绵层)；第五层蛋壳膜。蛋壳的形成过程依次为无壳蛋、内膜(角蛋白膜——蛋白纤维)、外膜(是蛋壳形成的基础)、乳头层、海绵层(决定蛋壳的厚度和硬度，$CaCO_3$)、外壳膜(有益于维持保护蛋壳的强度和保鲜)。孔隙度是壳表面结构的特征之一，孔隙密度和直径是孔隙的主要参数。

以鸡蛋为例，蛋壳中含 $CaCO_3$ 83%～85%，蛋白质 15%～17%，并含有多种微量元素(锌、铜、锰、铁、硒等)，其中对人体有害的重金属元素铅(Pb)、砷(As)的含量极其低，均小于 1μg/g。鸡蛋壳重量为 5.2～5.4g，厚度为 0.3～0.4mm，每只蛋壳的含钙量为 2～2.5g。

2.2　几 何 特 性

蛋壳几何特性研究主要对鹅蛋进行几何学特征统计与分析。所采用的试验对象为 333 枚鹅蛋，所有鹅蛋均来自浙江省江山市的养鹅场，平均鹅龄为 2 年。本节将对 333 枚鹅蛋进行尺寸分析，对其中 50 枚鹅蛋进行形状与厚度分析。

2.2.1　尺寸分析

蛋壳基本尺寸包括长轴 L、短轴 B，如图 2.19 所示，其中，由于蛋壳左右两端形状的不对称性，本书把蛋壳较尖的一端称为尖端，较钝的一端称为钝端，同时将蛋壳中部纬线半径最大处称为赤道。

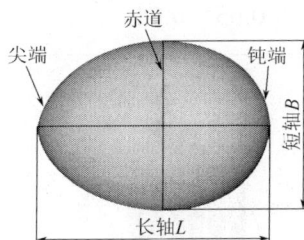

图 2.19 鹅蛋壳轮廓示意图

目前，获取蛋壳几何特征的方法分为测量与扫描，如 Narushin 基于长度和宽度测量值计算鸡蛋表面积和体积的公式 [7]；Trnka 等采用数码相机拍照的方法得到鸡蛋的形状[8]；Nedomová 和 Buchar 使用鹅蛋数码照片与边缘探测技术来获得鹅蛋壳的几何特性[9]。

本节使用标准测量工具：游标卡尺（技术参数：型号 530-118/114；量程 0～200mm；精度 0.01mm），采集鹅蛋壳的短轴 B 与长轴 L 的值，为保各参数测量的精确度，每个参数必须测量 4 次（即将鹅蛋壳每旋转 90° 测量一次）后取平均值。蛋形系数 SI 为短轴 B 与长轴 L 的比值，可以根据式(2-1)进行计算[9,10]。

$$SI = B/L \tag{2-1}$$

333 枚鹅蛋壳的长轴 L、短轴 B 以及蛋形系数 SI 的测量统计结果如表 2.1 所示，其中，分别对各尺寸参数进行标准差、偏度及峰度分析。由表 2.1 可知，本次试验所选鹅蛋壳的长轴分布范围为 60.79～91.02mm，均值为 78.26mm；短轴分布范围为 44.87～63.05mm，均值为 53.62mm；蛋形系数分布范围为 0.61～0.8，均值为 0.69，具体试验数据见附录 1。

表 2.1 鹅蛋的尺寸参数测量结果

参数	L/mm	B/mm	SI
最小值	60.79	44.87	0.61
平均值	78.26	53.62	0.69
最大值	91.02	63.05	0.8
标准差	4.742	3.159	0.029
偏度	−0.187	−0.151	0.407
峰度	0.333	−0.499	0.653

此外，长轴、短轴以及蛋形系数的标准差较小，表明长轴、短轴以及蛋形系数离散程度低。蛋形系数的标准差仅为 0.029，数据最为集中。长轴、短轴以及蛋形系数的峰度与偏度均在±1 以内，表明长轴、短轴以及蛋形系数的数据分布非对称程

度低，尖度较小，三者都符合正态分布规律。针对 333 枚鹅蛋壳作为试验对象，其蛋形系数分布柱状图，如图 2.20 所示，从图中可直观看出蛋形系数满足分布近似正态分布，且数据集中分布于区间 0.65～0.72。

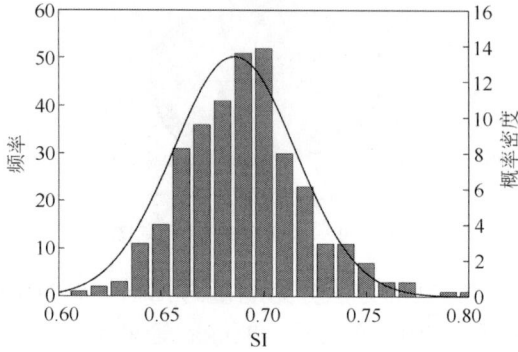

图 2.20 鹅蛋壳蛋形系数分布

2.2.2 形状分析

1. 对称性分析

鹅蛋壳属于回转封闭型薄壳结构，对其结构进行对称性分析，可以判断对称性程度。对称性分析包括以下两种：纬线圆度与经线相似度分析。为保证分析结果具有一般性，从 333 枚鹅蛋试验样本中随机挑选出 50 枚鹅蛋，并分别进行圆度与经线相似度分析。

基于三维扫描仪对 50 枚鹅蛋壳分别进行外轮廓 3D 模型的采集，如图 2.21 所示。三维扫描仪型号为 Aurum 3D，两个分辨率为 2×3MPix 的内置摄像机，X、Y 轴方向上精确度为 0.05mm，Z 轴方向上精确度为 0.004mm。将所提取出的 50 枚鹅蛋壳 3D 模型导入 UG NX 软件进行处理，并分别进行鹅蛋壳纬线圆度与经线相似度分析。

图 2.21 鹅蛋壳 3D 扫描

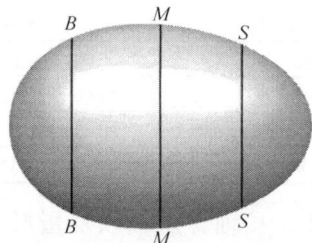

图 2.22 鹅蛋壳纬线示意图

1）纬线圆度分析

通过 UG NX 软件分别对每个鹅蛋壳 3D 模型作垂直于长轴且互相平行的 3 个面，如图 2.22 所示，其中，M 面通过鹅蛋壳的质心点；B 面通过鹅蛋壳质心点与钝端端点的中点；S 面通过鹅蛋壳质心点与尖端端点的中点，则可以获得鹅蛋壳 3D 模型上的 3 条纬线 M-M、B-B 以及 S-S。

对已选取的 3 条纬线分别进行 80 个等距点的坐标提取，并分别求出每点坐标所对应的半径 R（式(2-2)）、每条纬线的圆度 P（式(2-3)）以及每条纬线圆度占平均半径的百分比 U（式(2-4)）[11,12]。

$$R = \left(x^2 + y^2\right)^{\frac{1}{2}} \tag{2-2}$$

$$P = R_{\max} - R_{\min} \tag{2-3}$$

$$U = \frac{P}{R_{\mathrm{mon}}} \times 100\% \tag{2-4}$$

式中，$R_{\max}$ 为最大半径；$R_{\min}$ 为最小半径；R_{mon} 为平均半径。

50 枚鹅蛋壳的纬线圆度分析结果如表 2.2 所示，详细分析数据见附录 2。由表 2.2 可知，不同鹅蛋壳纬线圆度之间存在差异，但差异较小；50 枚鹅蛋壳纬线圆度 P 的均值为 0.2～0.25mm，纬线圆度占平均半径百分比 U 的均值为 0.83%～0.95%，二者都比较小，在 5% 以内，故可认为鹅蛋壳的纬线圆度高，近似为圆。

表 2.2　鹅蛋壳纬线圆度数据

	纬线 M-M			纬线 B-B			纬线 S-S		
	P/mm	U/%	R_{mon}/mm	P/mm	U/%	R_{mon}/mm	P/mm	U/%	R_{mon}/mm
最小值	0.09	0.35	24.52	0.10	0.43	21.68	0.06	0.27	20.63
平均值	0.25	0.93	26.57	0.20	0.83	23.72	0.21	0.95	22.09
最大值	0.45	1.66	28.73	0.53	2.30	25.80	0.43	1.96	23.64

2）经线相似度分析

通过 UG NX 软件对每个鹅蛋壳 3D 模型分别提取 3 条经线，经线两两之间互成 120°，如图 2.23 所示，提取的 3 条经线分别命名为 M_1、M_2、M_3。对所提取的 3 条经线分别提取 80 个等距点的坐标，并将 3 条经线两两之间作皮尔逊相似度分析。

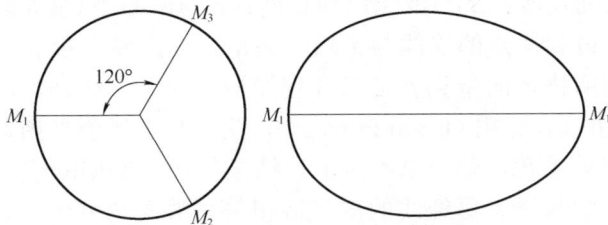

图 2.23　鹅蛋壳经线选取示意图

50 枚鹅蛋壳的经线皮尔逊相似度分析结果如表 2.3 所示，详细分析数据见附录 3。由表 2.3 可知，50 枚鹅蛋壳经线之间的相似度很高，均值都接近于 1，表明鹅蛋壳经线接近一致，可以认为鹅蛋壳由同一条经线旋转而成。

表 2.3　鹅蛋壳经线皮尔逊相似度数据

	M_1-M_2	M_2-M_3	M_1-M_3
最小值	0.990516	0.998815	0.992894
平均值	0.999625	0.999844	0.999629
最大值	0.999985	0.999984	0.999989
标准差	0.001587	0.000252	0.001212

综合考虑鹅蛋壳的纬线圆度与经线皮尔逊相似度分析结果，可以认为鹅蛋壳模型是高度轴对称旋转壳体，所以当对鹅蛋壳进行后续仿生研究时，可以选取一条经线对鹅蛋壳的轮廓特征进行描述。

2. 轮廓函数分析

蛋壳外轮廓形状函数，以下简称蛋形函数，是旋转蛋壳体的蛋经线参数方程，是基于鹅蛋仿生耐压壳不可或缺的重要函数。已通过统计分析获得的蛋形函数方程有 Kitching 蛋形函数[13]、Brandt[14]蛋形函数以及 N-R 蛋形函数[15]，如下：

$$\begin{cases} x = \dfrac{B}{2}\cos\alpha \\ y = \left(\dfrac{L}{2} + e\sin\alpha\right)\sin\alpha \end{cases} \tag{2-5}$$

$$y = \frac{\sqrt{3}}{2}\sqrt{x(2-x)\left[1 - \frac{\beta^2}{(1+x)^2}\right]} \tag{2-6}$$

$$\begin{cases} y = \pm\sqrt{L^{\frac{2}{n+1}}x^{\frac{2n}{n+1}} - x^2} \\ n = 1.057\left(\dfrac{L}{B}\right)^{2.372} \end{cases} \tag{2-7}$$

式中，L 为蛋壳长轴长度；B 为蛋壳短轴长度；e 为偏心距(蛋壳质心与长轴中心的距离)；α 为点 (x, y) 和原点的连线与 x 轴的夹角；平面曲率参数，$\beta \in [0, 1]$。

三种蛋形函数所描述的蛋壳外轮廓分别如图 2.24、图 2.25、图 2.26 所示。

精选 10 枚鹅蛋壳，运用 Origin Pro 软件，获得与上述蛋形函数绘制的蛋壳外轮廓形状的皮尔逊相关系数，如表 2.4 所示。结果表明，Kitching 及 N-R 蛋形函数绘制的蛋壳外轮廓形状与样本蛋经线的皮尔逊相关系数高达 0.99。试验样本的长轴 L 与偏心距 e(样本质心与长轴中心的偏距)比的平均值约为 45。由此，在基于鹅蛋仿生设计耐压壳时，作为优选，选用 Kitching 或 N-R 蛋形函数均可，且仿生耐压壳长轴 L 与偏心距 e 的比取值 45。

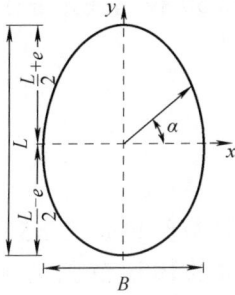

图 2.24　Kitching 蛋形图

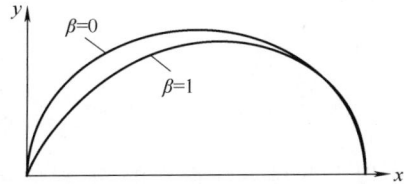

图 2.25　Brandt 蛋形图

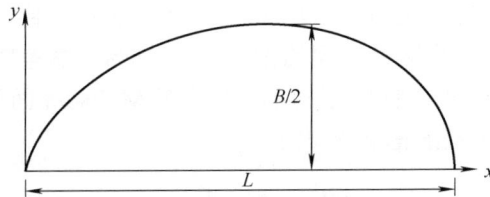

图 2.26　N-R 蛋形图

表 2.4　蛋经线与蛋形函数曲线的皮尔逊相关系数

样本序号	与 Kitching 蛋形曲线	与 Brandt 蛋形曲线	与 N-R 蛋形曲线	样本的 L/e 值
1	0.9953	0.9266	0.9943	55
2	0.9997	0.8708	0.9883	53
3	0.9990	0.8977	0.9951	34
4	0.9996	0.8852	0.9705	48
5	0.9993	0.9491	0.9972	34
6	0.9981	0.9389	0.9910	41
7	0.9994	0.9459	0.9928	48
8	0.9996	0.9471	0.9942	42
9	0.9994	0.9620	0.9966	41
10	0.9998	0.9025	0.9927	54
最大值	0.9998	0.9620	0.9972	55
最小值	0.9953	0.8708	0.9705	34
平均值	0.9989	0.9226	0.9913	45

3.　体积与表面积分析

鹅蛋壳体积和表面积的获取方法有两种：一种为测量法，即通过 UG NX 软件直接测量出每个鹅蛋 3D 模型的体积和表面积，此方法精确度高；另一种为公式法，即通过 Mohsein[16]公式分别对每个鹅蛋进行体积(式(2-8))与表面积(式(2-9))计算。为了验证公式法的准确性，将同时采用上述两种方法对 50 枚鹅蛋壳进行体积 V 与面积 S 计算。

$$V = \frac{\pi}{6}LB^2 \tag{2-8}$$

$$S = \pi\left(LB^2\right)^{\frac{2}{3}} \tag{2-9}$$

由以上两种方法得出的 50 枚鹅蛋壳体积与表面积计算结果如表 2.5 所示，详细分析数据见附录 4 与附录 5。50 枚鹅蛋壳试验样本的体积范围为 82017.66～133358.6mm³，均值为 113659.1mm³；表面积范围为 9262.98～12844.18mm²，均值为 11607.12mm²。此外，由公式法得出的体积均值与测量法得出的结果之间的偏差为-0.36%，偏差较小，公式法与测量法得出的体积基本一致。然而，由公式法得出的面积均值与测量法得出的结果之间的偏差为 2.15%，偏差较大，故公式法存在缺陷，需对 Mohsein 面积公式进行修正，所以本节对 Mohsein 面积公式添加了系数 k(k 取 0.12)，修正后的 Mohsein 面积公式为

$$S = k\pi\left(LB^2\right)^{\frac{2}{3}} \tag{2-10}$$

表 2.5　鹅蛋壳体积与表面积计算结果

	体积 V/mm³			表面积 S/mm²		
	测量法	公式法	误差/%	测量法	公式法	误差/%
最小值	82017.66	81043.11	1.19	9262.98	9056.43	2.23
平均值	113659.1	114073.7	-0.36	11607.12	11357.56	2.15
最大值	133358.6	134607.0	-0.94	12844.18	12701.6	1.11

利用修正后的 Mohsein 面积公式对 50 枚鹅蛋壳的面积进行重新计算，可得到面积的平均值为 11584.71mm²，与测量法得出的结果仅相差 0.19%，使得偏差在 0.5%以内，比未修正前的 Mohsein 面积公式精度提高了 1.96%，由此可见，修正后的 Mohsein 面积公式明显在精度上提高了很多。此外，对 Mohsein 面积公式进行修正前与修正后的误差分析，分析结果如图 2.27 所示，由图 2.27 可明显看出，未修正的 Mohsein 面积公式与测量法得出的结果误差较大，修正后的

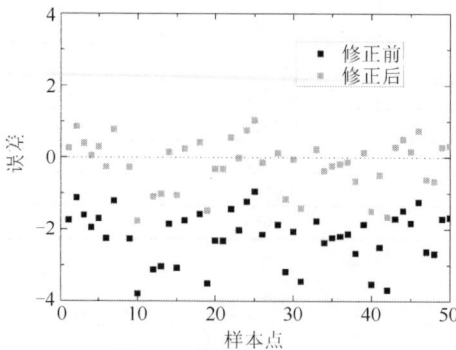

图 2.27　Mohsein 面积公式修正前与修正后对比

Mohsein 面积公式与测量法得出的结果误差较小,在 0 误差线左右,可见修正后的 Mohsein 面积公式更能准确表达真实鹅蛋壳表面积,其计算结果更准确可靠。

2.2.3 厚度分析

蛋壳是由卵巢内分泌物组成的型腔,其由 95%～98%的碳酸钙和少量的蛋白质组成,为内部胚胎提供了一个安全的生存环境,而壳体的厚度则是保证其强度的主要因素,故研究蛋壳的厚度分布对了解蛋壳类型腔的强度行为尤为重要,也可以为后续蛋形耐压壳的厚度设计提供借鉴。

本节将 50 枚鹅蛋壳分别沿着轴线对半切开,并沿着鹅蛋壳一条经线进行厚度测量。每一枚鹅蛋壳沿着经线方向测量 5 个点,如图 2.28 所示,5 号点与 1 号点分别位于尖端与钝端端点;3 号点位于赤道上;4 号点位于 5 号点与 3 号点的中点;2 号点位于 1 号点与 3 号点的中点,并使用千分尺测量上述测量点的厚度值。

50 枚鹅蛋壳经向厚度分布测量结果如表 2.6 所示,详细分析数据见附录 6。由表 2.6 可知,鹅蛋壳厚度分布不均匀,且厚度分布范围整体上为 0.326～0.671mm;同一条经线上的厚度分布不相等,其中,1 号点平均厚度最小,4 号点平均厚度最大,且从钝端到尖端,厚度分布呈现一种先上升后下降趋势,如图 2.29 所示。由上述分析可知,鹅蛋壳在 1 号点处的厚度最小,这主要是由于鹅蛋内部气室位于鹅蛋的钝端部位,厚度小便于与外界进行气体快速交换,满足鹅蛋内部胚胎的生理需求。

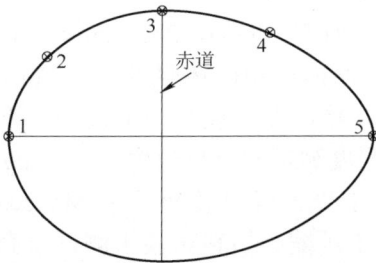

图 2.28 鹅蛋壳厚度测量点示意图

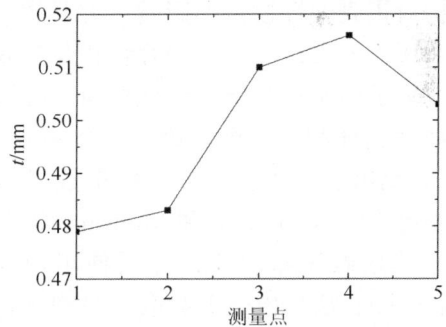

图 2.29 鹅蛋壳经向厚度分布

表 2.6 50 枚鹅蛋壳厚度测量结果

	1 号	2 号	3 号	4 号	5 号
最小值	0.374	0.381	0.431	0.420	0.326
平均值	0.479	0.483	0.510	0.516	0.503
最大值	0.633	0.599	0.613	0.671	0.631
标准差	0.044	0.043	0.042	0.052	0.049

2.3　力　学　特　性

蛋壳在均布受载的工况下具有很强的承载能力，能够为内部胚胎的生长发育提供一个安全舒适的生存空间，这一点与深海耐压壳的工作特性类似，故对蛋壳进行抗压机特性研究对于后续蛋形耐压壳的仿生设计具有极其重要的意义。

2.3.1　材料与方法

1.　材料力学参数测试

蛋壳的物理特性主要有弹性模量、泊松比、密度等，其中蛋壳弹性模量和泊松比的获取是一大难点。现有测试蛋壳弹性模量方法主要有动态法和静态法，其中动态法是通过测量蛋壳的共振频率来计算蛋壳的动态弹性模量；静态法是通过蛋壳压缩试验测量蛋壳的应力和应变来计算蛋壳的静态弹性模量。

关于动态法测试弹性模量的研究已有报道，例如，Petit 使用超声波对耐火材料进行了弹性模量测试[17]；Kemps 等从鸡蛋壳上取出一小块，然后测量其共振频率来求得蛋壳的弹性模量[18]。由于蛋壳内部含有流动的内容物，无法测得完整蛋壳的共振频率，故采用动态法测蛋壳弹性模量时必定会破坏蛋壳的完整性，进而忽略蛋壳结构对蛋壳弹性模量的影响；并且该方法在计算过程中使用的蛋壳泊松比取自经验值，所以该方法测蛋壳的弹性模量存在一定的弊端。

关于静态法测蛋壳弹性模量，已做了大量相关研究。例如，Rehkugler 在鸡蛋壳上截取圆环和半圆做压缩试验来测试鸡蛋壳的弹性模量和破坏强度[19]；Voisey 和 Hunt 利用已有的蛋壳弹性模量数据和球壳理论计算蛋壳在被两块平板挤压下的破坏强度[20]；Hammerle 和 Mohsein 做了蛋壳破坏强度测试和分析研究[21]；Tung 等对整个鸡蛋做压缩试验，然后使用球壳理论计算蛋壳的弹性模量[22]；Manceau 和 Henderson 从鸡蛋壳上截取一段圆环，对圆环做了压缩、扭转试验来测试蛋壳的弹性模量和剪切模量[23]；Lin 等对从蛋壳上截取的圆环做压缩试验来计算蛋壳的弹性模量[24]；Dhanoa 等对从蛋壳上截取的圆环做压缩试验来计算蛋壳的弹性模量[25]；Bain 对蛋壳施加非破坏性的分布式外载荷试验来计算蛋壳的弹性模量[26]；姜松等对整个鸡蛋做压缩试验，然后使用 ASABE S368.4DEC2000（R2006）标准[27]中计算凸面农产品表观接触弹性模量公式来计算鸡蛋壳的弹性模量[28]；梅志敏等对整个皮蛋做压缩试验，然后使用美国农业与生物工程学会（ASABE）提出的农产品凸面形状的弹性模量计算标准来计算皮蛋壳的弹性模量，并依据泊松比的定义公式测试了皮蛋壳的泊松比[29]。这些研究或在试验时忽略了整个蛋壳结构对蛋壳弹性模量的影响而破坏了蛋壳的完整性，或在计算蛋壳弹性模量时简单地把整个蛋壳简化为球或椭圆，而且计算过程中使用的蛋壳泊松比大多取自经验值，故最终的蛋壳弹性模量测定结果误差较大。

针对上述研究中存在的不足，以鹅蛋壳为研究对象，本节提出一种新的蛋壳弹性模量和泊松比测定方法。该方法步骤为：①对鹅蛋壳外形进行扫描，得到鹅蛋壳的外形轮廓参数；②结合现有蛋形函数建立与鹅蛋壳外形最相近的蛋形函数；③对整个蛋壳进行轴向压缩试验，得到蛋壳轴向压力与赤道部位的经向应变和纬向应变之间的关系；④使用旋转壳在轴对称载荷下的无矩理论，推导出蛋壳弹性模量和泊松比的表达式；⑤根据试验数据求得鹅蛋壳的弹性模量和泊松比。

鹅蛋壳生物本身的材料与结构决定了其无法使用常规材料的力学参数测试方法，即做成哑铃型试样进行拉伸试验。为此，美国农业与生物工程学会（ASABE）[27]提出一种测试农产品表观弹性模量的方法，如图 2.30 所示，将被测样品放置于两平板之间，并给上平板施加一定速度的力 F，通过控制器时刻记录力 F 与上平板位移 D 的关系。将上述得到的力 F 与位移 D 代入式（2-11），可计算得出样品的表观弹性模量 E。

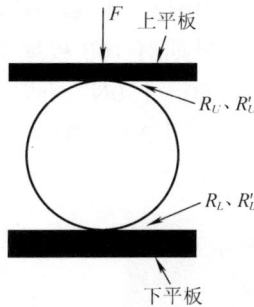

图 2.30　农产品力学特性测试图

$$E = \frac{0.338F(1-\mu^2)}{D^{3/2}}\left[K_U\left(\frac{1}{R_U}+\frac{1}{R'_U}\right)^{1/3}+K_L\left(\frac{1}{R_L}+\frac{1}{R'_L}\right)^{1/3}\right]^{3/2} \tag{2-11}$$

式中，F 为施加力；μ 为样品泊松比；D 为上压板位移；K_U、K_L 为相关常量；R_U、R'_U 为样品与上压板相接触点的曲率半径；R_L、R'_L 为样品与上下压板相接触点的曲率半径。上述 R_U、R'_U、R_L、R'_L 均可通过测径器进行测量。

计算表观弹性模量 E 之前，必须要已知泊松比 μ，否则无法得出结果，所以此公式对于泊松比 μ 未知的蛋壳来说将无法进行表观弹性模量 E 的有效计算。在此之前，Manceau 和 Henderson[23]提出将蛋壳切成环状，继而对竖直放置的环状蛋壳进行压缩，再根据公式计算得出其弹性模量与泊松比。虽然此方法测试出的蛋壳弹性模量和泊松比，在一定程度上克服了 ASABE 规范所造成的缺陷，但是，在试验的过程中，破坏了蛋壳原有的完整性，将会影响蛋壳后续力学试验的研究。

为此，本节将在美国农业与生物工程学会（ASABE）的基础上，提出一种蛋形耐压壳力学参数无损测试法，此方法既能保持蛋壳生物的完整性同时又能测量蛋壳表观弹性模量 E 和泊松比 μ，其包括测试过程与数据处理两部分。

1）测试过程

本次试验仪器选用电子万能试验机，型号为 MZ-5001D1，传感器选用量程为 0～250N，精度为±0.5%；试验所用应变片型号为 BE120-1AA，电阻值为 120.2±0.1Ω，灵敏度为 2.14±1%。本次试验过程如下。

①在蛋壳的赤道部位沿着经向与纬向交替均匀贴上 3 个应变片，如图 2.31 所示，其中，3 个应变片测量蛋壳经向应变并取平均值，另外 3 个应变片测量蛋壳纬向应变并取平均值；②在应变片上焊接信号输入线，同时将信号输入线另一端连接信号采集系统；③将焊接有信号输入线的鹅蛋竖直放置在电子万能试验机上，使鹅蛋尖端向上，如图 2.32 所示，同时需保证鹅蛋的长轴与压杆的轴线重合，减小轴线偏差；④通过控制界面给上压板设置压缩速度为 6mm/min，使其沿着长轴方向缓慢给蛋壳施加集中力，同时设置采样频率为 50Hz，并实时采集数据。这里需要说明，试验中并不使蛋壳压坏或出现裂纹，本节早期对 100 枚鹅蛋进行过轴向压缩试验，发现鹅蛋沿着长轴方向受压破坏压力值为 60～150N，所以在本次试验中，对蛋壳加载的最大力值设置为破坏力值的 1/3 左右，即 20～50N，使得蛋壳在受载时一直处于线弹性受力阶段。

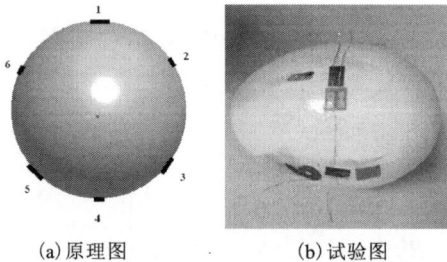

(a) 原理图	(b) 试验图

图 2.31　鹅蛋壳应变片排布关系

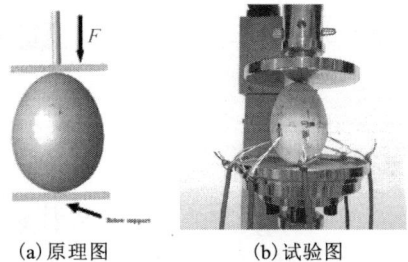

(a) 原理图	(b) 试验图

图 2.32　鹅蛋壳力学参数测试现场

2）数据处理

通过上述测试，可以分别得到 5 枚鹅蛋壳所受轴向力 F、平均经向应变 $\overline{\varepsilon_\varphi}$ 以及平均纬向应变 $\overline{\varepsilon_\theta}$，而进一步将以上数据与表观弹性模量以及泊松比联系起来，则需要引入弹性力学知识，根据弹性力学理论，应力与应变存在如下等式。

$$\varepsilon_\varphi = \frac{1}{E}(\sigma_\varphi - \mu\sigma_\theta) \tag{2-12}$$

$$\varepsilon_\theta = \frac{1}{E}(\sigma_\theta - \mu\sigma_\varphi) \tag{2-13}$$

式中，σ_φ、σ_θ 分别为赤道部位经向应力与纬向应力，可根据式(2-14)进行计算；ε_φ、ε_θ 分别为经向应变与纬向应变，可由试验测得，其中，ε_φ 与 ε_θ 分别取 3 次测量的平均值，即平均经向应变 $\overline{\varepsilon_\varphi}$ 与平均纬向应变 $\overline{\varepsilon_\theta}$。

$$\left.\begin{array}{l} \sigma_\varphi = \dfrac{F}{2\pi R_2 t} \\[3mm] \sigma_\theta = -\dfrac{R_2}{R_1}\sigma_\varphi \end{array}\right\} \tag{2-14}$$

式中，R_1 和 R_2 分别为蛋壳赤道部位的第一曲率半径与第二曲率半径，单位为 m，可通过 CAD 软件对蛋壳轮廓线直接提取；t 为鹅蛋壳赤道部位厚度，单位为 m，可通过实际测量得到。

因为最终所要获得的参数为蛋壳表观弹性模量与泊松比，所以同时将式(2-12)和式(2-13)转换形式，得到如下表达式。

$$\mu = \frac{\varepsilon_\theta \cdot \sigma_\varphi - \varepsilon_\varphi \cdot \sigma_\theta}{\varepsilon_\theta \cdot \sigma_\theta - \varepsilon_\varphi \cdot \sigma_\varphi} \tag{2-15}$$

$$E = \frac{\sigma_\theta - \mu \cdot \sigma_\varphi}{\varepsilon_\theta} \tag{2-16}$$

式(2-15)与式(2-16)为无损测试法中蛋壳泊松比与表观弹性模量的最终理论表达式。利用上述公式即可求出蛋壳赤道部位的泊松比与表观弹性模量。

2. 静水压力试验

对蛋壳进行与耐压壳类似工况的分析，有助于了解蛋壳生物体的抗压能力与破坏形式，可为后续蛋形耐压壳的仿生研究打下基础。

1) 水压模拟设备

当前用于耐压壳静水压力模拟试验一般以大型设备为主，如中国科学院研究所、中国船舶科学研究中心分别拥有 50MPa、40MPa 的深海压力模拟试验机，其装置具有自动稳压系统，可实现设备工作压力长时间稳压。而相对高校内，一般或异形壳体的强度及稳定性预研究以理论及数值方法较为常见，而涉及试验研究论证，则需要成本相对较低的比例模型进行试验研究。大型设备的制作、操作与维修不方便，比例模型的试验精度很难保证，且价格昂贵。

本实验室综合考量现在及以后的科研工作，为更好地进行一般壳体及异形壳体的试验研究，成功开发了一台高压舱水压模拟设备，如图 2.33 所示。该设备以气动增压泵为增压核心，依靠压缩空气为动力源，利用 $F=PS$ 原理，驱动气源压力与输出气体压力成正比。通过对驱动气源压力的调整，可以对输出压力调节。当气压力与输出力平衡时，气动增压泵将会自动停止动作，输出压力也稳定在设定的压力上。一旦系统压力下降，气动增压泵自动启动工作，进行压力补偿。本高压舱水压模拟设备主要技术参数，如表 2.7 所示。

| (a)高压舱 | (b)空气压缩机 | (c)气液控制柜 |

图 2.33　深海高压舱水压模拟设备

表 2.7　深海高压舱性能参数

项目	技术规格	项目	技术规格
增压介质	清水	最大空气消耗	1.0nm³/min
最大流量	3L/min	压缩空气接口	NPT1/2
输出压力	64 倍驱动气压	高压出口	NPT1/4 内螺纹
最大试验压力	40MPa	高压舱内部容积	200mm×400mm
动力源	0.3～0.8MPa 清洁压缩空气		

如图 2.33 所示，本实验室开发的高压舱水压模拟设备，包括高压舱缸体和上端封盖，上端封盖通过凹型卡槽形式的锁紧装置锁紧在高压舱缸体上。上端封盖安装可移动装置，移动装置则安装在设备机架上。高压舱缸体顶部凸台与上端封盖啮合，半圆凹槽形密封盖可将啮合后的凸台锁紧，便捷可靠。高压舱缸体顶部延伸凸台厚度均匀变小，上、下表面形成斜面。半圆凹槽形密封盖的凹槽内侧上、下表面向外扩大形成与上述可以啮合的斜面。同理，上端封盖边缘阶台同为斜面。由此，当两个半圆凹槽形密封盖动作锁紧，均为斜面配合，凹槽形密封盖可紧紧包裹住上端封盖和高压舱缸体，使其锁紧可靠。高压舱缸体为圆筒型，与设备机架下支座铁板焊接，材质选取无缝钢管，厚度为 20mm。设备机架由型材焊接而成，形似龙门式的架台。

上下移动气缸选用型材加强筋用于加强上端封盖与容器，缸体采用 O 形和口形双重密封，O 形密封圈置于高压一侧，口形密封圈置于低压一侧，一般开启频繁的高压容器选用该密封方式。用于上端封盖上下移动的装置，可移动气缸安装在设备机架上，其与上端封盖连接。上下移动气缸通过调速阀与三位四通电磁换向阀连接。此外，用于高压舱内部介质(清水)主要由增压泵提供，如图 2.34 所示，其中选用的电器元件如表 2.8 所示。空气压缩机分出三路，一路连接依次为过滤器、驱动调压阀、驱动气压表、手拉闸及单向阀，最终与气液增压泵 G64 连通；一路为保压，依次为电气比例阀、电磁阀及单向阀，为气动控制保压；另一路为上端封盖上下提升，依次为三位四通换向阀，节流阀分别连通提升气缸两侧，并形成回路。以清水为介质的高压舱内，由气液增压泵输送压力，路线一端为不锈钢水箱，内部放置过滤器，另一端线路设有高压压力表、压力变送器，可实时监测高压舱内水压数值。高压舱开设高压针阀，利于工作过程舱内气体排出。气液压力泵连通的管道均布置有单向阀，其连接管道采用钢丝软管，使用防水螺纹连接。空气压缩机作为整个高压舱水压模拟设备的气源，可提供 0.3～0.8MPa 的洁净压缩空气。此外，增压单元独立安装，连接安全可靠，所有需观察和操作的仪表均集中安装在面板上。系统自身内置高压单向阀，保障每个增压单元运行安全可靠，互不影响。通过调节压缩空气压力可以输出液压，在压力输出范围内进行无级调节。

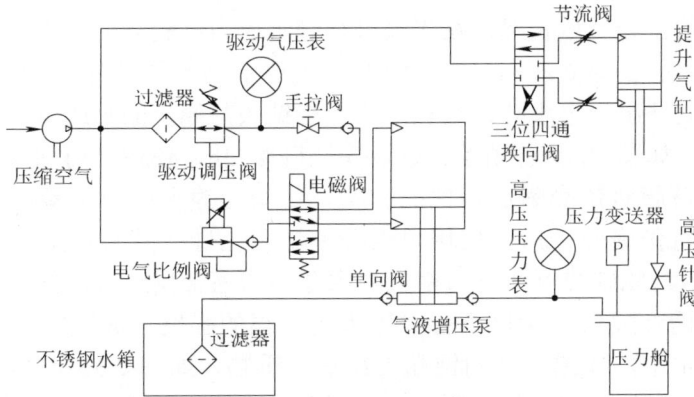

图 2.34　气液控制系统原理

表 2.8　试验机器元件

序号	名称	数量	型号或规格	产地
1	二联体	1	URF04	宝丰
2	电气比例阀	1	IYV2050-212L	SMC
3	电磁阀	1	3V310-10	欧雷凯
4	手拉阀	1	3R310-10	欧雷凯
5	气液增压泵	1	G64	汉派瑞
6	压力变送器	1	HY-210 0～10V，0～60MPa	汉派瑞
7	压力表	1	YNT-60 1.6MPa	富阳东方

序号	名称	数量	型号或规格	产地
8	压力表	1	YNT-100，100MPa	富阳东方
9	三位四通换向阀	1	K34R	宝丰
10	节流阀	2	KJ-12	宝丰
11	提升气缸	1套	SC-500-80	汉派瑞
12	高压舱	1套	200×400，40MPa	汉派瑞
13	高压管路	1套		汉派瑞
14	低压管路	1套		汉派瑞
15	机箱	1套	碳钢喷型	济南三鑫

本实验室开发的高压舱水压模拟设备采用气动远程控制高压舱端盖，连接管道均使用橡胶管道，SPR快插拔接头连接，在气路分叉处可使用多通道快插接头，操作使用安全可靠。且气源设备放置在室外，噪声小、安装及维护费用低。

2）材料与方法

蛋壳内部液体与壳壁薄膜势必会对其力学特性造成一定的影响，因此，为了真实有效地模拟耐压壳受压状况，在蛋壳进行静水压力试验之前，需要对其进行内部液体与壳壁薄膜的去除处理，具体步骤如下：①选中鹅蛋尖端端点，并用直径为2mm的钻头在端点处钻出一个小孔，钻孔时应保持钻头与鹅蛋的轴线重合；②使用注射器，抽取蛋液，如图2.35(a)所示；③将空壳晾晒3h，使蛋壳内部薄膜完全脱落，尽可能地排除薄膜对蛋壳耐压特性的影响，使蛋壳静水压力试验得到的结果更加真实准确；④待蛋壳晾干后，使用单组分室温固化硅橡胶密封蛋壳尖端小孔，如图2.35(b)所示，此硅胶可通过与空气中水分子的缩合反应放出低分子引起交联，硫化形成高性能弹性体，所以不会对鹅蛋壳尖端的强度造成影响；⑤为了能够让鹅蛋壳悬浮于水中，在鹅蛋壳的钝端上粘贴一重物，如图2.35(c)所示。本节早期对蛋形壳进行过前期探索，发现蛋形壳赤道部位为应力最大区域，两端应力较小，且尖端应力最小，与赵资奎等关于恐龙蛋受力分析得出的结论一致[30,31]，故本节选择对鹅蛋壳尖端开孔是可行的。此外，为了保证硅胶密封的效果，需要进行3次涂胶，待前一层干后涂上另一层，并且也是防止孔部硅胶过薄，导致水压直接挤破硅胶使得水从小孔流入壳体内，影响试验效果，同时，需注意每次涂胶的覆盖面积不宜过大，一般覆盖面为直径5～6mm圆形区域即可，降低硅胶对蛋壳力学特性的影响。

对鹅蛋壳进行静水压力试验包括如下步骤：①先打开空气压缩机对压力舱进行注水，注意不要注水太满，需给鹅蛋壳留有一定空间；②将鹅蛋壳连同底部重物一起放入压力舱内，并关闭且锁紧舱盖；③继续打开空气压缩机对压力舱进行注水，直至排水阀有水流出，说明此刻舱体内已经充满水，并关闭排水阀；④再次打开空气压缩机,对舱体内部进行增压,舱体内部压力的大小可以通过传感器实时记录,直至蛋壳破坏,关闭空气压缩机。

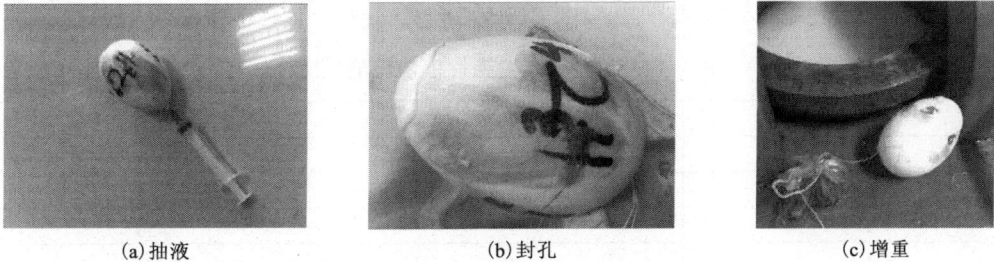

(a)抽液　　　　　　　　　　(b)封孔　　　　　　　　　　(c)增重

图 2.35　鹅蛋壳前期处理

2.3.2　结果分析与讨论

1.　材料力学参数分析

通过对 5 枚鹅蛋壳进行材料力学参数测试,可以得到 5 枚蛋壳分别在 1s 时所受轴向力 F、平均经向应变 $\overline{\varepsilon_\varphi}$ 与平均纬向应变 $\overline{\varepsilon_\theta}$ 的值,如表 2.9 所示。此外,5 枚鹅蛋壳的第一曲率半径 R_1、第二曲率半径 R_2 以及厚度 t 的值如表 2.10 所示。

表 2.9　5 枚鹅蛋壳轴向压缩测试结果

编号	F/N	$\overline{\varepsilon_\varphi}$ /με	$\overline{\varepsilon_\theta}$ /με
1 号	50.23	−12.55	+9.95
2 号	41.52	−12.65	+10.22
3 号	47.18	−11.79	+9.47
4 号	34.29	−14.62	+11.96
5 号	34.17	−9.82	+7.30

注:表中负号(−)为压缩,正号(+)为拉伸。

表 2.10　5 枚鹅蛋壳曲率半径与厚度测量结果

编号	R_1/m	R_2/m	t/m
1 号	0.0530	0.0299	0.000545
2 号	0.0484	0.0303	0.000492
3 号	0.0519	0.0287	0.000523
4 号	0.0492	0.0278	0.000413
5 号	0.0488	0.0267	0.000512

计算获得 5 枚鹅蛋壳的弹性模量 E 与泊松比 μ,结果如表 2.11 所示。由表 2.11

可知，鹅蛋壳的弹性模量范围为 41～53GPa，均值为 46.6GPa，与 Manceau 等得出的弹性模量 47GPa 相近；泊松比为 0.331～0.471，均值为 0.407，大于 Manceau 等假定的 0.307，这主要是由于产蛋鹅的种类、生理、饲养环境等因素不同而导致的。

表 2.11　5 枚鹅蛋壳弹性模量与泊松比

编号	弹性模量/GPa	泊松比
1 号	48	0.414
2 号	43	0.368
3 号	53	0.450
4 号	41	0.471
5 号	48	0.331

2. 静水压力试验分析

图 2.36 为 5 枚鹅蛋壳在整个试验过程中舱体内水压载荷随时间变化的曲线图。由图 2.36 可知，对于每一枚鹅蛋壳而言，压力都呈现先上升再下降趋势，其中，压力曲线一开始上升，是由于水压未达到鹅蛋壳的破坏载荷；越过峰值点后，压力曲线继而急剧下降，是由于舱体内水压载荷达到鹅蛋壳的破坏载荷，使得鹅蛋壳压溃，造成舱体内部存在一定的气体空间（蛋壳内部空间），导致舱体内水的体积由膨胀状态瞬间变为松弛状态，由此舱体内水压载荷急剧下降。

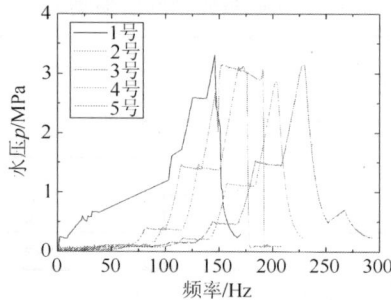

图 2.36　5 枚鹅蛋壳试验压力变化曲线

每枚鹅蛋壳的破坏载荷以图 2.36 中压力曲线的峰值点为准，5 枚鹅蛋壳的破坏载荷值如表 2.12 所示，由其可知，鹅蛋壳的破坏载荷为 3MPa 左右。其中，最大的为 1 号鹅蛋壳，其破坏载荷达到 3.31MPa；最小的为 2 号鹅蛋壳，其破坏载荷为 2.87MPa，二者之间相差近 15.3%，表明蛋壳由于轮廓、厚度等因素的差异，会对蛋壳的承载能力造成极大的影响。同时，为了对鹅蛋壳耐压特性有一个直观的了解，本节对 5 枚承受均布载荷下的鹅蛋壳进行手握力计算，计算方法按照每枚鹅蛋壳表面积的 1/2 乘以其所对应的破坏载荷值，5 枚鹅蛋手握力的计算结果如表 2.12 所示，由其可知，鹅蛋壳所需握力的大小为 $1.74×10^4 \sim 1.99×10^4$N，相当于 2t 左右的物体所产生的力，由此可见，蛋壳在承受均布压力情况下，具有极高的耐压强度。

表 2.12　5 枚鹅蛋壳破坏压力与手握力

编号	压力值/MPa	手握力/10^4N
1 号	3.31	1.98
2 号	2.87	1.74
3 号	3.14	1.91
4 号	3.15	1.99
5 号	3.12	1.98

图 2.37 为 1～4 号鹅蛋壳在静水压力试验后的破坏图，其中 5 号鹅蛋被完全压溃，这里不作讨论。由图 2.37 可知，鹅蛋表面破坏裂纹主要集中于中部赤道部位，即鹅蛋壳中部为主要破坏区域，两端部位较为安全。此外，鹅蛋壳两端极点附近并未出现裂纹，表明鹅蛋壳受到均布外载时，端部产生的压应力较小，处于安全范围内，故可对其进行开孔处理，且并不会降低其承载能力。

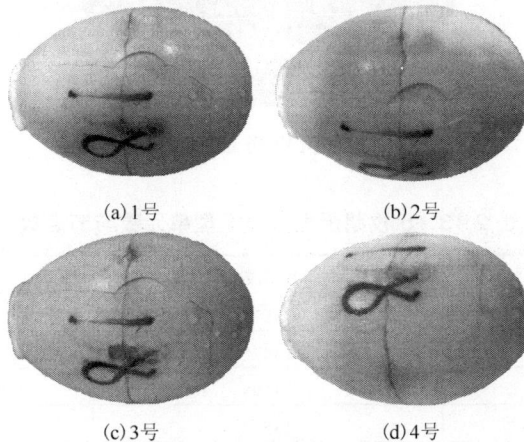

(a)1号　　　　　　　　　(b)2号

(c)3号　　　　　　　　　(d)4号

图 2.37　鹅蛋壳破坏形式

3. 鹅蛋壳数值分析

为了进一步验证试验的可靠性，对 5 枚鹅蛋壳分别进行均布外载下数值模拟，并与试验结果进行对比分析。

1) 数值模型建立

将 5 枚鹅蛋壳的 3D 扫描模型导入 ANSA 软件进行网格划分，由于扫描模型由大量点云拼接而成，故采用随机法对鹅蛋壳 3D 扫描模型表面进行网格划分，以 3

号蛋为例,其网格划分模型如图 2.38 所示,5 枚鹅蛋壳各自网格模型的单元数与节点数如表 2.13 所示。每枚鹅蛋壳的弹性模量与泊松比均按照表 2.11 中的数据进行赋值。每枚鹅蛋壳的厚度按照其真实厚度进行离散点赋值,在鹅蛋壳静水压力试验结束后,本节对 5 枚鹅蛋壳近似沿着经线方向进行了厚度测量,从尖端到钝端,等间距选择了 6 个测量点(标记为 $t_1 \sim t_6$),5 枚鹅蛋壳的厚度测量数据如表 2.14 所示。分别对每枚鹅蛋壳选取一条经线上的 3 个点进行约束,限制鹅蛋壳 6 个方向自由度,以 3 号蛋为例,如图 2.37 所示,三个点约束从左至右依次为:$U_y = U_z = 0$,$U_x = U_y = 0$,$U_y = U_z = 0$。对每枚鹅蛋壳分别设置两种工况进行分析:①静态应力分析;②线性屈曲分析。其中,对每枚蛋壳进行静态应力分析时不施加任何约束。载荷则以均布外载的形式施加在蛋壳表面,大小为 1MPa。

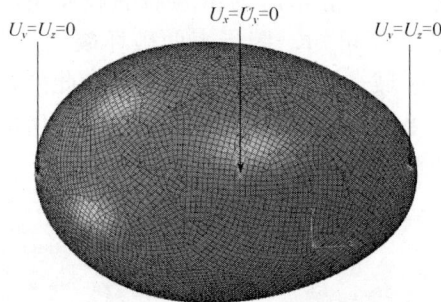

图 2.38　鹅蛋壳网格划分与边界约束

表 2.13　5 枚鹅蛋壳数值模型单元数与节点数

编号	单元数	节点数
1 号	13573	12777
2 号	13475	12687
3 号	13198	12349
4 号	13573	12777
5 号	13662	12799

表 2.14　5 枚鹅蛋壳厚度测量数据

编号	t_1/mm	t_2/mm	t_3/mm	t_4/mm	t_5/mm	t_6/mm
1 号	0.505	0.522	0.537	0.545	0.540	0.504
2 号	0.477	0.488	0.490	0.492	0.477	0.412
3 号	0.461	0.505	0.514	0.523	0.471	0.44
4 号	0.388	0.412	0.455	0.413	0.395	0.38
5 号	0.465	0.498	0.502	0.512	0.472	0.46

2) 结果分析与讨论

对每个鹅蛋壳数值模型分别输出经向应力与纬向应力云图，如图 2.39 所示。由图 2.39 可知，5 枚蛋壳的经向应力范围为 133.7～172.1MPa，纬向应力范围为 137.7～176.5MPa，与大理石、花岗岩的抗压强度相近（表 2.15），且除去 5 号蛋壳，其余 4 枚蛋壳的纬向应力都大于经向应力，重复性好，与赵资奎等关于均布外力下恐龙蛋受力研究的结果具有很好的一致性[30]；5 枚鹅蛋壳最大应力都出现在中部赤道区域，表明鹅蛋壳中部为危险区域，与试验中鹅蛋壳的破坏区域一致。

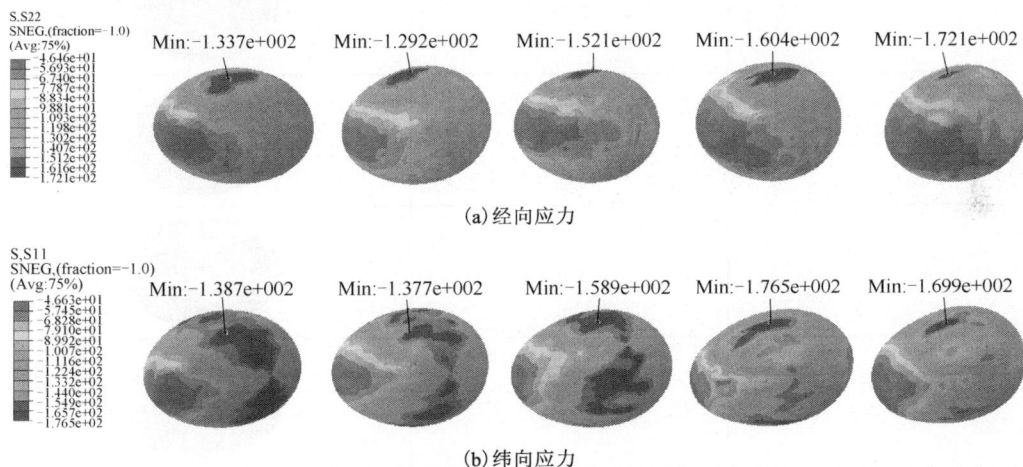

(a) 经向应力

(b) 纬向应力

图 2.39　5 枚鹅蛋壳静态应力云图

表 2.15　常见碳酸钙材料抗压强度

种类	抗压强度/MPa
大理石	250～260
花岗石	100～300
石灰石	60～140
方解石	100

5 枚鹅蛋壳在均布载荷下的屈曲载荷与屈曲模式如表 2.16 所示。由表 2.16 可知，不同蛋壳之间屈曲载荷存在一定差异，其中，1 号蛋壳的屈曲载荷值最大，4 号蛋壳的屈曲载荷值最小。5 枚鹅蛋壳的屈曲数值结果均大于各自试验破坏压力值，这一方面主要由于鹅蛋壳较小，在进行静水压力时，水波动对其影响大；另一方面是鹅蛋壳本身存在气孔的原因，这主要来源于其生理需求，需要与外界进行气体交换，以上两个原因会导致鹅蛋壳的试验压力值偏小；此外，5 枚鹅蛋壳发生失稳的部位都在中部赤道区域，这与鹅蛋壳试验破坏结果一致。

表 2.16　5 枚蛋壳屈曲载荷与屈曲模式

样本	屈曲载荷/MPa	屈曲模式
1 号	7.97	
2 号	5.33	
3 号	5.76	
4 号	3.26	
5 号	4.37	

2.4　本 章 小 结

首先分析蛋壳生物特性，认知蛋壳产生机理，对试验对象鹅蛋壳进行几何学特性研究，分析尺寸、形状以及厚度；然后采用试验研究与数值计算相结合的方法对鹅蛋壳进行力学特性研究，通过上述研究可得出如下结论。

(1)鹅蛋壳的尺寸数据统计符合正态分布，其中，蛋形系数 SI 最接近于正态分布，且期望值为 0.69，主要集中区域为 0.65～0.72；鹅蛋壳是一种高度轴对称结构，且经线函数与 Kitching 或 N-R 蛋形函数吻合程度较高；鹅蛋壳厚度分布不均匀，具有较大的随机性，但从钝端到尖端总体呈现先上升后下降趋势，且钝端厚度最小。

(2)提出一种可以用于测量鹅蛋壳表观弹性模量与泊松比的新方法，称为无损测试法，在不对鹅蛋壳造成任何损伤的情况下，可以对其进行材料力学参数测试，且适用于一般回转壳体赤道部位的力学参数测量，此外，本章所研究的鹅蛋壳弹性模量均值为 46.6GPa，泊松比均值为 0.407。

(3)鹅蛋壳在均布外载下能够承受极大的载荷，相当于大约 $2×10^4$N 的力，具有极强的抗压能力，且其抗压强度类似于大理石与花岗岩；鹅蛋壳破坏部位主要在中部赤道区域，试验与数值结果一致，同时，蛋壳两端部位应力较小，较为安全，可进行开孔处理，为深海耐压壳的仿生应用提供有效信息。

参 考 文 献

[1] Hauber M E. The Book of Eggs [M]. Chicago: University of Chicago Press, 2014.

[2] Cătălin T, Corneliu C, Carmen S, et al. Morphological aspects and differences between segments of the oviduct in chicken [J]. Bulletin UASVM Veterinary Medicine. 2014, 71（2）:377-384.

[3] Bradfield J R G. Radiographic studies on the formation of the hen's egg shell [J]. Journal of Experimental Biology .1951, 28（2）:125-141.

[4] Anisur R M. An introduction to morphology of the reproductive system and anatomy of hen's egg [J]. J. Life Earth Sci. 2013, 8: 1-10. http://banglajol.info.index.php/JLES.

[5] Anisur R M, Yoshizaki N. The time of embryonic axis formation in quail eggs [J]. Univ. J. Zool. Rajshahi Univ. 2012, 31:89-90.

[6] Halls A. Egg formation and eggshell quality in layers[J]. http://www.nutrecocanada. com/ docs/shur-gain—poultry/egg-formation-and-eggshell-quality-in-layers.pdf .

[7] Narushin V G. Egg geometry calculation using the measurements of length and breadth [J]. Poultry Science, 2005, 84（3）:482-484.

[8] Trnka J, Buchar J, Severa L. Effect of loading rate on hen's eggshell mechanics [J]. Journal of Food Research, 2012, 1（4）: 96-105.

[9] Nedomová Š, Buchar J. Goose eggshell geometry [J]. Research in Agricultural Engineering, 2014:100-106.

[10] Zhang J, Wang M L, Wang W B, et al. Biological characteristics of eggshell and its bionic application[J]. Advances in Natural Science, 2015, 8（1）:41-50.

[11] Osborne D R, Winters R. Pre-1941 eggshell characteristics of some birds[J]. Ohio Journal of Science, 1977, 77（1）:10-23.

[12] 张建，朱俊成，王明禄，等. 蛋形耐压壳设计与分析[J]. 机械工程学报, 2016, 52（25）: 155-161.

[13] Entwistle K M, Reddy T Y. The fracture strength under internal pressure of the eggshell of domestic fowl [J]. Biological Science, 1996, 263: 433-438.

[14] Babich D V. Stability of shells of revolution with multifocal surfaces [J]. International Applied Mechanics, 1993, 29（11）: 935-938.

[15] Nedomova S, Severa L. Influence of hen egg shapes on eggshell compressive strength [J]. International Agrophysics, 2009, 23: 249-256.

[16] Mohsein N N. Physical Properties of Plant and Animal Material[M]. New York: Gordon and Breach, 1970.

[17] Petit J. Sonic Testing of Refractory Brick [M]. Troy: Ceramic Industry, 1991.

[18] Kemps B, Ketelaere D, Bamelis F, et al. Development of a methodology for the calculation of young's modulus of eggshell using vibration measurements[J]. Biosystems Engineering, 2004, 89(7): 215- 221.

[19] Rehkugler G E. Modulus of elasticity and ultimate strength of the hen's egg shell[J]. Journal of Agricultural Engineering Research, 1963, 8: 352-354.

[20] Voisey P W, Hunt J R. Physical Properties of Egg Shells [D].Stress Distribution in the Shell. Brit. Poultry Sci, 1967, 8: 263-271.

[21] Hammerle J R, Mohsein N N. Determination and analyses of failure stress in eggshell[J]. Journal of Agricultural Engineering Research, 1967, 12: 13-21.

[22] Tung M A, Staley L M, Richards J F. Estimation of Young's Modulus and Failure Stresses in the Hen's Egg Shell [D].Canadian Agricultural Engineering,1969.

[23] Manceau J R, Henderson J M. Physical properties of eggshell [J].Transactions of the ASAE, 1970, 13(4):436-439.

[24] Lin J, Fajardo T A, Puri V M, et al. Measurement of mechanical and thermal properties for eggshell quality determination [J].ASEA Paper No.936503, St Joseph, MI, 1993.

[25] Dhanoa P S, Puri V M, Anantheswaran R C. Thermal and mechanical properties of eggshell under different treatments [J].Transactions of the ASAE, 1996, 39(3):999-1004.

[26] Bain M M. Eggshell Strength: A Mechanical/Ultrastructural Evaluation[D]. Scotland: University of Glasgow, 1990.

[27] ASABES368.4DEC2000（R2006）. Compression test of food materials of convex shape[S]. St Joseph: American Society of Agricultural and Biological Engineers, 2006.

[28] 姜松, 崔志平, 李建康, 等. 鸡蛋表观接触弹性模量的测定[J]. 江苏农业科学, 2009, （6）: 325-326.

[29] 梅志敏, 王树才, 张融. 皮蛋抗压试验及弹性模量和泊松比的测定[J]. 华中农业大学学报, 2015, 34(3): 130-133.

[30] 赵资奎, 马和中, 杨勇琪. 恐龙蛋壳的生物力学性质 Ⅰ ——在外力作用下恐龙蛋壳的应力分析[J]. 古脊椎动物学报, 1994, 32(2):98-106.

[31] 张建, 王纬波, 高杰, 等. 深水耐压壳仿生设计与分析[J]. 船舶力学, 2015, （11）: 1360-1367.

第 3 章　蛋形耐压壳仿生设计

　　强度与屈曲是一般回转薄壳力学特性的理论基础，可为结构的设计提供科学指导，故推出蛋形壳体强度与屈曲理论公式对蛋形耐压壳结构设计尤为重要。本章首先根据一般薄壳理论，通过微元法推导出蛋形壳体的强度与屈曲理论公式；其次根据 N-R 方程对蛋形耐压壳的轮廓进行简要设计，阐述一些基本设计原则；最后在蛋形壳体强度与屈曲理论基础上，对蛋形耐压壳同时考虑塑性与脆性两种材料，并分别在等强度、等屈曲原则下对蛋形耐压壳壁厚进行等厚与变厚设计，同时给出蛋形耐压壳的浮力系数理论计算公式。此外，作为蛋形耐压壳的一种特例，本章也对球形耐压壳进行与蛋形耐压壳同等条件下的厚度设计，并给出厚度与浮力系数理论设计公式。本章组织结构如图 3.1 所示。

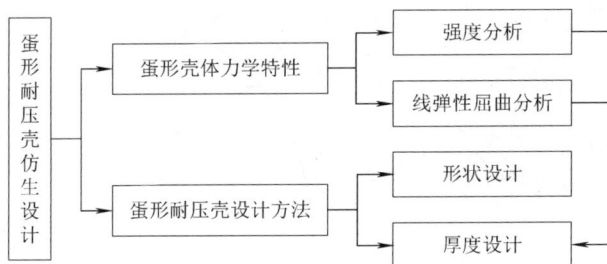

图 3.1　本章组织结构图

3.1　蛋形壳体力学研究

　　一般回转薄壳结构的失效多数表现为强度破坏或屈曲失稳，故需要在结构设计阶段从理论上进行预防，保证结构设计的安全性与可靠性，所以本节将对蛋形壳体进行强度与屈曲理论的推导，为后续的蛋形耐压壳结构设计打下理论基础。

3.1.1　强度分析

　　本章所研究的蛋形壳体的壁厚与半径之比小于 0.2，为薄壳回转型结构，所以一般薄壳理论亦适用于蛋形壳体，故以薄壳理论为基础[1]，对蛋形壳体进行强度理论推导。蛋形耐压壳属于薄壳结构，则在对其进行受力分析时可不必考虑其弯曲内力(矩)[2]。此外，蛋形壳体结构对称，所以其在受到均布外载时，壳体内的应力、应变、挠度等也处于对称状态，故可以采取对称性分析方法。下面将对蛋形壳体强度理论公式进行详细阐述。

1. 蛋形壳体几何基本参数

本小节主要对蛋形壳体一些基本几何参数进行定义，并将在后续理论公式推导中涉及。取蛋形壳体局部结构为例，如图 3.2 所示，此局部壳体的中面可以看成由一条经线 om 沿着中心轴 oo' 旋转而成；在经线 om 任意取一点 c，经过点 c 且垂直于中心轴 oo' 的平面与中面的交线称为平行圆或纬线，其半径用 r 表示；经过点 c 且通过中心轴 oo' 的平面与中面的交线称为经线；经线 om 上 c 点曲率半径称为回转壳体的第一曲率半径，用 R_1 表示；经线 om 上 c 点的法线与中心轴 oo' 交点的距离称为第二曲率半径，用 R_2 表示。且由图 3.2 中的几何关系，易得

$$r = R_2 \sin \varphi \tag{3-1}$$

$$\mathrm{d}r = R_1 \mathrm{d}\varphi \cos \varphi \tag{3-2}$$

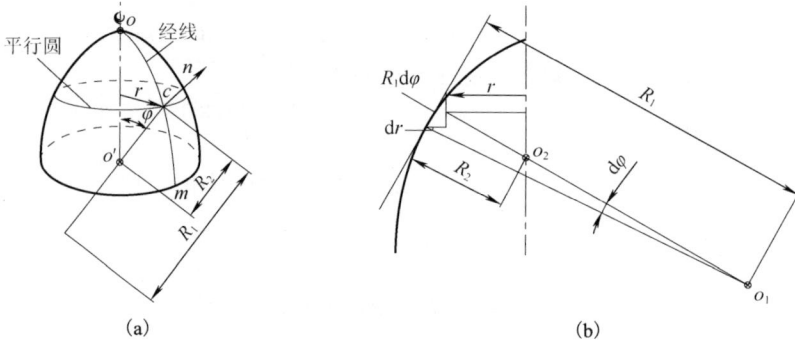

图 3.2　回转壳体中面的几何参数

2. 微体平衡方程

在上述蛋形壳体上取一微元 $ABCD$，如图 3.3 所示，其中，AB、CD 为相邻的经线，AD、BC 为相邻的纬线。由图得到弧长 AB 与弧长 AD 的表达式为

$$\left.\begin{aligned} \mathrm{d}l_{AB} &= R_1 \mathrm{d}\varphi \\ \mathrm{d}l_{AD} &= r \mathrm{d}\theta \end{aligned}\right\} \tag{3-3}$$

假设回转壳体上施加的均布外载为 p_0，同时根据无力矩理论与对称性，可得到壳体微元需要考虑的两个内力分量为经向薄膜应力 N_φ 与纬向薄膜应力 N_θ。则应力 N_φ 与 N_θ 就是所要研究的回转体薄膜内力，求解出此内力也就能够解决回转壳体的强度问题，下面将会对其进行详细推导。

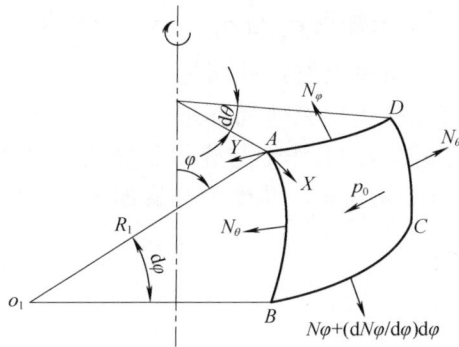

图 3.3　旋转壳体微元结构

如图 3.3 所示，在点 A 建立局部坐标 XYZ，其中各坐标轴作如下规定：X 轴经过 A 点且与其经线相切；Y 轴经过 A 点且与其平行圆相切；Z 轴则为经过 A 点经线的法线，三坐标轴两两正交。微元 $ABCD$ 受到均布外载 P_0 情况下，仍处于平衡状态，故微元在 Z 轴方向上的受力平衡方程为

$$[N_\varphi + (\mathrm{d}N_\varphi/\mathrm{d}\varphi) \times \mathrm{d}\varphi][r + (\mathrm{d}r/\mathrm{d}\varphi) \times \mathrm{d}\varphi]\mathrm{d}\theta \sin \mathrm{d}\varphi + 2N_\theta R_1 \mathrm{d}_\varphi \sin(\mathrm{d}\theta/2)\sin\varphi$$
$$+ p_0(R_1\mathrm{d}\varphi)(r\mathrm{d}\theta)\cos(\mathrm{d}\varphi/2) = 0 \tag{3-4}$$

忽略式 (3-4) 中的高阶小量，且由于 $\mathrm{d}\varphi$ 和 $\mathrm{d}\theta$ 很小，所以作出假设：$\sin \mathrm{d}\varphi \approx \mathrm{d}\varphi$；$\sin(\mathrm{d}\theta/2) \approx \mathrm{d}\theta/2$；$\cos(\mathrm{d}\varphi/2) \approx 1$。并同时将式 (3-1) 代入式 (3-4) 中，经化简后得

$$\frac{N_\varphi}{R_1} + \frac{N_\theta}{R_2} = -p_0 \tag{3-5}$$

由于蛋形壳体为薄壳结构，不妨假设其壳体壁厚为 t，则其经向应力 σ_φ 与纬向应力 σ_θ 可以表示为

$$\left.\begin{array}{c} \sigma_\theta = \dfrac{N_\theta}{t} \\[2mm] \sigma_\varphi = \dfrac{N_\varphi}{t} \end{array}\right\} \tag{3-6}$$

将式 (3-6) 代入式 (3-5) 中，可得出平衡方程的常见表达形式：

$$\frac{\sigma_\varphi}{R_1} + \frac{\sigma_\theta}{R_2} = -\frac{p_0}{t} \tag{3-7}$$

式 (3-7) 为微体平衡方程或拉普拉斯方程，可以用来表示蛋形壳体上任一点的应力与外压载荷的关系。

3. 区域平衡方程

上述微体平衡方程主要从微元角度出发，推导出应力与均布外载的关系，但由式(3-7)可知，式中包含两个未知量 σ_φ 与 σ_θ，一个方程将无法求解，故还需引入一个方程。下面将从壳体积分角度出发，补充另一平衡方程。

如图 3.4(a)所示，首先将蛋形壳体局部进行完整，使其成为封闭型壳体，为了便于计算，在蛋形壳体的底部 nn' 上作一与壳体正交的圆锥面 nen'，同时在壳体上端取一段长度为 $\mathrm{d}l$ 的圆环形微元 mm'，其受力分解如图 3.4(b)所示。

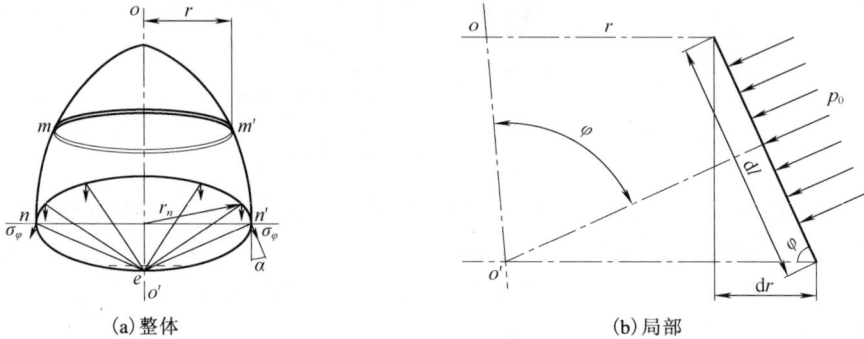

(a) 整体　　　　　　　　　　　　　　(b) 局部

图 3.4　封闭型回转壳体受力平衡图

假设环形微元 mm' 上受到均布外载 p_0，则其沿着中心轴 oo' 方向所受到的力为

$$\mathrm{d}F = -2\pi r p_0 \mathrm{d}l \cos\varphi \tag{3-8}$$

又由图 3.3(b)可知，在图中存在几何关系：$\cos\varphi = \mathrm{d}r/\mathrm{d}l$。故式(3-8)可以写为

$$\mathrm{d}F = -2\pi r p_0 \mathrm{d}r \tag{3-9}$$

以上只是对回转壳体一条环形区域进行计算，如果考虑整个壳体区域，则需要对整个区间内的环形区间进行积分，其载荷沿着中心轴 oo' 方向的合力可以表示为

$$F = -2\pi p_0 \int_0^{r_n} r\mathrm{d}r = -\pi r_n^2 p_0 \tag{3-10}$$

式中，r_n 为 nn' 处的平行圆半径。

同时，圆锥面 nen' 内所受到的载荷沿着中心轴 oo' 方向的合力为

$$F' = 2\pi r_n \sigma_\varphi t \cos\alpha = 2\pi r_n \sigma_\varphi t \sin\varphi \tag{3-11}$$

由于回转壳体受力处于平衡状态，所以 $F = F'$，将式(3-10)与式(3-11)联立可得经向应力 σ_φ 表达式为

$$\sigma_\varphi = -\frac{p_0 R_2}{2t} \tag{3-12}$$

将式(3-12)代入前面微体平衡方程式(3-7)可得纬向应力 σ_θ 表达式为

$$\sigma_\theta = \sigma_\varphi \left(2 - \frac{R_2}{R_1}\right) \tag{3-13}$$

上述式(3-12)与式(3-13)即为蛋形壳体强度应力理论表达式。

4. 蛋形壳体理论应用

将蛋形壳体进行参数化，即壳体经线满足函数变化规律，不妨先假设蛋形壳体经线函数方程的一般形式为

$$y = R(x) \tag{3-14}$$

式中，函数 y 分别存在一阶导函数 y' 与二阶导函数 y''。

假设蛋形壳体受到的均布外载为 p_0，则根据式 (3-12) 和式 (3-13) 可以得出蛋形壳体的经向应力 $\sigma_\varphi(x)$ 与纬向应力 $\sigma_\theta(x)$ 如下所示：

$$\sigma_\varphi(x) = -\frac{p_s R_2(x)}{2t} \tag{3-15}$$

$$\sigma_\theta(x) = -\frac{p_s R_2(x)}{2t}\left(2 - \frac{R_2(x)}{R_1(x)}\right) \tag{3-16}$$

式中，$R_1(x)$ 与 $R_2(x)$ 分别为蛋形耐压壳的第一曲率半径与第二曲率半径。

根据第四强度理论，可以得出等效应力 $\sigma_{r4}(x)$ 关于经向应力 $\sigma_\varphi(x)$ 与纬向应力 $\sigma_\theta(x)$ 的关系表达式为

$$\sigma_{r4}(x) = \sqrt{\frac{1}{2} \cdot \left[\left(\sigma_\theta(x) - \sigma_\phi(x)\right)^2 + \sigma_\theta^2(x) + \sigma_\varphi^2(x)\right]} \tag{3-17}$$

由式 (3-16)、式 (3-17) 可知，第一曲率半径 $R_1(x)$ 与第二曲率半径 $R_2(x)$ 是计算经向应力与纬向应力的重要参数，所以下面将对蛋形壳体第一曲率半径 $R_1(x)$ 与第二曲率半径 $R_2(x)$ 的计算方法进行详细阐述。

作出蛋形壳体一般轮廓曲线，如图 3.5 所示，并经过经线任意点 M，作其切线 L_1，法线 L_2 以及平行于中心轴 X 的平行线 L_3。其中，法线 L_2 与中心轴交于点 N，过点 N 作平行线 L_3 的垂线，垂足为点 P，则线段 NP 的长度为 y，线段 PM 的长度为 1。线段 MN 则为第二曲率半径 R_2，且点 M 的第一曲率半径 R_1 也在法线 L_2 上，此外，$\angle MNP$ 用 α 表示，切线 L_1 和平行线 L_3 的夹角用 β 表示。则由图 3.5 可知，

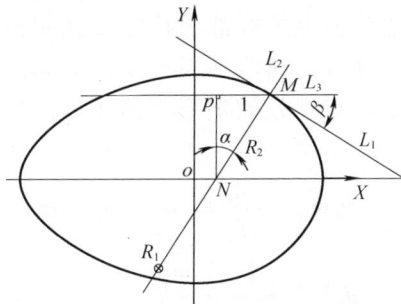

图 3.5　一般蛋形壳体几何参数

根据直角三角形 MNP 中角度关系，易知 α 与 β 相等，且存在关系：

$$\tan\alpha = \frac{l}{y} = y' \tag{3-18}$$

由式(3-18)可以推出线段 PM 的长度为

$$l = |y'y| \tag{3-19}$$

由图 3.5 亦知，在直角三角形 MNP 中，运用勾股定理可得第二曲率半径 R_2 如下所示：

$$R_2 = \sqrt{l^2 + y^2} = y\sqrt{1 + (y')^2} \tag{3-20}$$

同时运用弧微分方程可得第一曲率半径 R_1 如下所示：

$$R_1 = \left| \frac{[1 + (y')^2]^{\frac{3}{2}}}{y''} \right| \tag{3-21}$$

由于点 M 为任意选取，则式(3-20)与式(3-21)亦可写成如下形式：

$$R_2(x) = R(x)\sqrt{1 + (R'(x))^2} \tag{3-22}$$

$$R_1(x) = \left| \frac{[1 + (R'(x))^2]^{\frac{3}{2}}}{R''(x)} \right| \tag{3-23}$$

式(3-22)与式(3-23)即为蛋形壳体中面任一点第二曲率半径 R_2 与第一曲率半径 R_1 的理论计算公式，同时，式(3-22)与式(3-23)也适用于一般回转壳体曲率半径的求解。

3.1.2　线弹性屈曲分析

对于薄壳结构，普遍认为局部失稳是其主要失效形式，对于这一问题，俄国力学家尤·拉波特诺夫曾研究关于弹性薄壁回转壳体的局部失稳问题，且得出了用于确定受压回转壳体局部失稳临界载荷值的公式[3,4]，本节所研究的蛋形壳体属于薄壳结构，所以将对蛋形壳体在线弹性范围内的局部失稳临界载荷公式进行简要推导。

推导蛋形壳体在线弹性范围内的局部失稳临界载荷公式之前，首先对其弹性之外的失稳临界载荷公式进行推导，而线弹性范围内的局部失稳则可以作为弹性之外失稳的一种特例。则对于受均布外载的蛋形壳体而言，其线弹性极限之外的局部受力平衡方程可以表示为

$$\begin{cases} \alpha_1 w_{xxxx} + \alpha_3 w_{xxyy} + \alpha_5 w_{yyyy} - \dfrac{1}{R_1}F_{yy} - \dfrac{1}{R_2}F_{xx} - \sigma_x h w_{xx} - \sigma_y h w_{yy} = 0 \\[2mm] \beta_1 F_{xxxx} + \beta_3 F_{xxyy} + \beta_5 F_{yyyy} + \dfrac{w_{xx}}{R_2} + \dfrac{w_{yy}}{R_1} = 0 \end{cases} \tag{3-24}$$

式中，α_1、α_3、α_5、β_1、β_3、β_5 为相应的参数，可以运用普朗特-罗伊斯塑性流动

理论进行计算，各参数计算值如式 (3-25) 所示。

$$
\begin{cases}
\alpha_1 = \dfrac{D}{K}\left[1 + \dfrac{1}{4}\varphi \dfrac{(3-2\kappa)^2}{3-3\kappa+\kappa^2}\right] \\[3mm]
\alpha_3 = 2\dfrac{D}{K}\left[1 + \dfrac{1}{4}\dfrac{\varphi}{1+\nu}\dfrac{9-3(5-\nu)\kappa+(7-2\nu)\kappa^2}{3-3\kappa+\kappa^2}\right] \\[3mm]
\alpha_5 = \dfrac{D}{K}\left[1 + \dfrac{1}{4}\varphi \dfrac{\kappa^2}{3-3\kappa+\kappa^2}\right] \\[3mm]
\beta_1 = \dfrac{1}{Et}\left[1 + \dfrac{1}{4}\varphi \dfrac{(3-2\kappa)^2}{3-3\kappa+\kappa^2}\right] \\[3mm]
\beta_3 = \dfrac{2}{Et}\left[1 + \dfrac{1}{4}\varphi \dfrac{(3-2\kappa)\kappa}{3-3\kappa+\kappa^2}\right] \\[3mm]
\beta_5 = \dfrac{1}{Et}\left[1 + \dfrac{1}{4}\varphi \dfrac{\kappa^2}{3-3\kappa+\kappa^2}\right]
\end{cases} \tag{3-25}
$$

式中，参数 K、φ、κ、D 的值如下：

$$
\begin{cases}
K = 1 + \dfrac{1}{4}\dfrac{\varphi}{1-\nu^2}\dfrac{9-6(2-\nu)\kappa+(5-4\nu)\kappa^2}{3-3\kappa+\kappa^2} \\[3mm]
\varphi = \dfrac{E'}{E} - 1 \\[3mm]
\kappa = \dfrac{R_2}{R_1} \\[3mm]
D = \dfrac{Et^3}{12(1-\nu^2)}
\end{cases} \tag{3-26}
$$

在式 (3-24)、式 (3-25) 及式 (3-26) 中，w 为蛋形壳体中面的挠度；F 为蛋形壳体中面的应力函数；R_1 为蛋形壳体第一曲率半径；R_2 为蛋形壳体第二曲率半径；t 为蛋形壳体的厚度；E 为蛋形壳体的弹性模量；E' 为蛋形壳体切线剪切模量；ν 为泊松比；σ_x 为蛋形壳体在失稳前的经向应力；σ_y 为蛋形壳体在失稳前的纬向应力；x 为蛋形壳体经向坐标；y 为蛋形壳体纬向坐标。

假设蛋形壳体受到均布外载 p_0 作用，则根据蛋形壳体强度理论，壳体应力存在如下平衡方程：

$$
\begin{cases}
\sigma_x = -\dfrac{1}{2}\sigma \\[3mm]
\sigma_y = -\dfrac{1}{2}\sigma(2-\kappa)
\end{cases} \tag{3-27}
$$

式中，$\sigma = \dfrac{p_0 R_2}{t}$。

同时，蛋形壳体中面的挠度 w 与壳体中面的应力函数 F 可写成如下形式：

$$\begin{cases} w = w_0 \sin \dfrac{mx}{R_1} \sin \dfrac{ny}{R_2} \\[3mm] F = F_0 \sin \dfrac{mx}{R_1} \sin \dfrac{nx}{R_2} \end{cases} \tag{3-28}$$

式中，w_0 和 F_0 为常数，m 为经向波数，n 为纬向波数。

　　和弹性问题一样，弹性极限之外的失稳一般也认为是局部的。因此，方程(3-24)的系数一般不取决于坐标轴，所以临界应力 σ 可由式(3-29)确定。

$$\sigma = \frac{1}{t\left[\dfrac{1}{2} + \left(1 - \dfrac{1}{2}\kappa\right)\gamma\right]} \left[\frac{1}{m^2\kappa^2} \frac{(1+\gamma\kappa)^2}{\beta_1 + \beta_3\gamma + \beta_5\gamma^2} + \frac{m^2}{R_1^2}(\alpha_1 + \alpha_3\gamma + \alpha_5\gamma^2)\right] \tag{3-29}$$

式中，α_1、α_3、α_5、β_1、β_3、β_5、φ、K 为相应的参数，且对于一般回转壳体而言，在超出弹性极限失稳的情况下，上述参数存在如下等式：

$$\begin{cases} \alpha_1 = \alpha_5 = \dfrac{1}{2}\alpha_3 = D \\[3mm] \beta_1 = \beta_5 = \dfrac{1}{2}\beta_3 = \dfrac{1}{Et} \\[3mm] \varphi = 0 \\[2mm] K = 1 \end{cases} \tag{3-30}$$

将式(3-30)代入式(3-29)可得临界应力 σ 表达式为

$$\sigma = \frac{E}{\dfrac{1}{2} + \left(1 - \dfrac{1}{2}\kappa\right)\gamma} \left[\frac{1}{m^2\kappa^2} \frac{(1+\gamma\kappa)^2}{(1+\gamma)^2} + \frac{1}{12(1-\nu^2)} \frac{h^2}{R_2^2} m^2\kappa^2(1+\gamma)^2\right] \tag{3-31}$$

　　式(3-31)适用于蛋形壳体在弹性极限之外的临界应力计算，在此假设 $\gamma \gg 1$；$\dfrac{\partial \sigma}{\partial n} = 0$；$n = \kappa \dfrac{\sqrt{R_1}}{(\alpha_5\beta_5)^{\frac{1}{4}}}$，并将 $\sigma = \dfrac{p_0 R_2}{t}$ 代入式(3-31)，则可以推出蛋形壳体在弹性极限之外的失稳临界载荷为

$$p_{cr} = \frac{1}{\sqrt{3(1-\nu^2)}} \frac{\kappa}{1 - \dfrac{1}{2}\kappa} \frac{1}{\sqrt{K}} \frac{Et^2}{R_2^2} \tag{3-32}$$

　　作为一种特例，当 $K = 1$ 时，将 $\kappa = R_2 / R_1$ 代入式(3-32)，则可以推出蛋形壳体在线弹性范围内的临界失稳载荷为

$$p_{cr} = \frac{2Et^2}{(2R_1 - R_2)R_2} \sqrt{\frac{1}{3(1-\mu^2)}} \tag{3-33}$$

式(3-33)即为 Mushtari 在线弹性范围内的薄壳经典屈曲理论公式[5]。

考虑到蛋形耐压壳屈曲失稳一般为局部失稳,则对式(3-33)中的第一曲率半径与第二曲率半径分别取局部区域内的平均值 $\overline{R_1}$ 与 $\overline{R_2}$,则式(3-33)可以改写为如下形式[6]:

$$p_{cr} = \frac{2Et^2}{(2\overline{R_1} - \overline{R_2})\overline{R_2}} \sqrt{\frac{1}{3(1 - \mu^2)}} \tag{3-34}$$

3.2　蛋形耐压壳设计方法

3.2.1　形状设计

作为深海潜水器内部重要元件,耐压壳必须要有良好的强度、稳定性、储备浮力能力、流线型、壳内空间利用率以及乘员舒适性,而由蛋壳生物学特性可知,蛋壳具有合理的材料分布与重量厚度比、良好的跨距厚度比、美学特性以及均布外载条件下极大的耐压能力,故蛋壳能够为深海耐压壳的设计提供有效的生物信息,且蛋壳、耐压壳以及潜水器三者之间的功能映射关系如图 3.6 所示。本节将以蛋壳生物学特性为基础对深海耐压壳形状进行仿生设计。

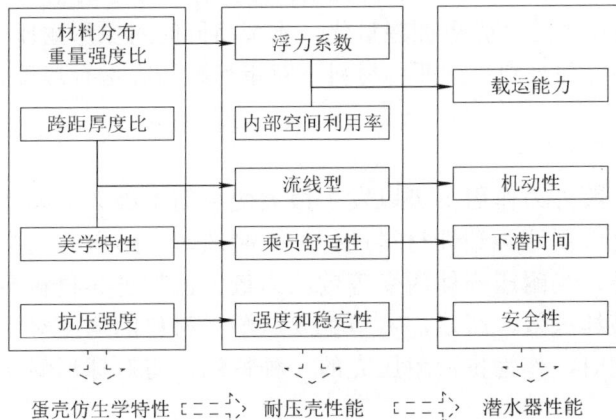

图 3.6　蛋壳、耐压壳以及潜水器性能映射关系

由第 2 章蛋壳生物学特性研究可知,N-R 函数与真实鹅蛋的拟合度高,所以蛋形耐压壳的轮廓函数选用 N-R 方程,如式(3-35)所示。且由式(3-35)可以发现,蛋形耐压壳的轮廓线形状与长轴 L、短轴 B 有关,即长轴 L、短轴 B 共同决定 N-R 函数轮廓曲线的形状,因此,需要对长轴与短轴进行合理取值,同时,由第 2 章生物学特性可知 SI=B/L,可以看出蛋形系数决定短轴与长轴的比值,也可以通过改变蛋形系数的大小,调节短轴与长轴之间的关系,使得长轴与短轴的长度符合

设计要求。

$$R(x) = \pm\sqrt{L^{\frac{2}{n+1}}x^{\frac{2n}{n+1}} - x^2} \qquad (3-35)$$

式中，$n = 1.057(L/B)^{2.372}$。

一般来说，对蛋形耐压壳进行设计时，需要将其与其他现有的常规耐压壳进行对比分析，为了保证可比性，往往按照以下 3 点进行设计：①等体积设计；②等质量设计；③等强度设计以及以上 3 种设计方法的复合情况。通过以上设计，可以间接地决定蛋形耐压壳长轴与短轴之间的关系，继而确定蛋形系数，则蛋形耐压壳长轴与短轴的长度即可确定，此时，蛋形耐压壳的形状将随之确定，且形状唯一。

3.2.2 厚度设计

由第 2 章蛋壳生物学特性可知，鹅蛋壳的厚度分布不均，具有很大的随机性，主要由于蛋壳作为生物体的特殊性。考虑到工程实际应用，本节将蛋形耐压壳沿着经线方向设计为两种厚度分布：一种为等厚分布；另一种为变厚分布。等厚分布即蛋形耐压壳厚度处处相等，在所需材料最小的情况下，强度和屈曲满足设计要求；变厚分布则是根据等强度或等屈曲原则对蛋形壳厚度进行合理分布，使得变厚区内的强度或者屈曲处处相等，可以在满足安全性的情况下，即在等厚分布的基础上，进一步地减少材料使用量，使耐压壳轻外壳更加轻量化。本节将同时对蛋形耐压壳考虑两种材料，即塑性与脆性材料，并分别在这两种材料下对蛋形耐压壳进行厚度设计[7,8]。

1. 塑性材料

塑性材料在一般外力作用下可以发生很大变形而不破坏，如钛合金、各种钢材等，当蛋形耐压壳选用这类塑性材料进行加工制造时，耐压壳的强度主要由第四强度即等效应力主导，当耐压壳体所受等效应力最大值超过其材料屈服极限时，壳体将会发生变形并破坏失效。所以，本节主要从塑性材料的角度对蛋形耐压壳进行等厚与变厚设计。同时，作为蛋形耐压壳的一种特例，将对球形耐压壳进行相关厚度设计公式推导。

1) 等厚蛋形耐压壳设计

下面以最大等效应力 $\{\sigma_{r4}(x)\}_{max}$ 小于等于材料屈服应力 σ_s 为准则（考虑安全系数 1.5），对等厚蛋形耐压壳进行厚度设计。同时，为了使蛋形耐压壳壳体材料最小化，仅考虑最大等效应力等于材料屈服应力（$\{\sigma_{r4}(x)\}_{max} = \sigma_s$）的情况，并由此来确定蛋形耐压壳的最终厚度分布。

蛋形耐压壳在深海中会受到来自水压载荷 P_s 的作用，壳体受到外载会同时产生强度应力载荷和屈曲应力载荷，只要其中一种载荷首先达到各自的极限临界值，则蛋形耐压壳就会发生破坏失效。至于哪一种载荷首先达到极限临界值，是造成蛋形耐压壳失效的主要因素，本节将分别对其进行讨论。

(1) 厚度设计。运用第四强度理论，将式 (3-15) 与式 (3-16) 分别代入式 (3-17)，可得出等效应力 $\sigma_{r4}(x)$ 的最终表达式为

$$\sigma_{r4}(x) = \frac{P_s R_2(x) \cdot \sqrt{3 - 3 \cdot \dfrac{R_2(x)}{R_1(x)} + \left(\dfrac{R_2(x)}{R_1(x)}\right)^2}}{2t(x)} \tag{3-36}$$

将式 (3-36) 进行相关变换，可以推出厚度 $t(x)$ 与均布外载 p_s 的函数关系：

$$t(x) = \frac{P_s R_2(x) \cdot \sqrt{3 - 3 \cdot \dfrac{R_2(x)}{R_1(x)} + \left(\dfrac{R_2(x)}{R_1(x)}\right)^2}}{2\sigma_{r4}(x)} \tag{3-37}$$

当强度是影响蛋形耐压壳安全性主要影响因素时，即蛋形耐压壳首先由于强度达到屈服极限而破坏，等厚蛋形耐压壳的厚度 t_1 可以由式 (3-38) 确定。

$$t_1 = \frac{P_s}{2\sigma_s}\left(R_2(x) \cdot \sqrt{3 - 3 \cdot \frac{R_2(x)}{R_1(x)} + \left(\frac{R_2(x)}{R_1(x)}\right)^2}\right)_{\max} \tag{3-38}$$

假设式 (3-38) 中厚度 t_1 为自变量，则由此可推出极限强度载荷 p_{s1} 的表达式为

$$p_{s1} = \frac{2t_1\sigma_s}{\left(R_2(x) \cdot \sqrt{3 - 3 \cdot \dfrac{R_2(x)}{R_1(x)} + \left(\dfrac{R_2(x)}{R_1(x)}\right)^2}\right)_{\max}} \tag{3-39}$$

对于厚度为 t_1 的等厚蛋形耐压壳而言，其屈曲载荷采用式 (3-40) 进行计算。

$$p_{q1} = \frac{2Et_1^2}{(2\overline{R_1} - \overline{R_2}) \cdot \overline{R_2}} \cdot \sqrt{\frac{1}{3(1 - \mu^2)}} \tag{3-40}$$

同样，当屈曲是影响蛋形耐压壳安全性的主要影响因素时，等厚蛋形耐压壳的厚度 t_1 关于均布外载 p_s 的关系为

$$t_1 = \sqrt{\frac{P_s \overline{R_2}(2\overline{R_1} - \overline{R_2}) \cdot \sqrt{3(1 - \mu^2)}}{2E}} \tag{3-41}$$

综合上述强度与屈曲对蛋形耐压壳安全性的影响，则在均布外载 p_s 的作用下，等厚蛋形耐压壳的设计厚度 t_1 可确定为如下形式：

$$t_1 = \left\{\frac{p_s}{2[\sigma]}\left[R_2(x) \cdot \sqrt{3 - 3 \cdot \frac{R_2(x)}{R_1(x)} + \left(\frac{R_2(x)}{R_1(x)}\right)^2}\right]_{\max}, \sqrt{\frac{p_s \overline{R_2}(2\overline{R_1} - \overline{R_2}) \cdot \sqrt{3(1 - \mu^2)}}{2E}}\right\}_{\max} \tag{3-42}$$

(2)浮力系数。等厚蛋形耐压壳形状与厚度确定后，其结构就被唯一确定，此时其浮力系数也就为定量，而浮力系数是衡量耐压壳储备浮力的重要参数，所以将对其计算过程进行简要推导。

本节设计的蛋形耐压壳均属于薄壳结构，对于薄壳而言，其薄壁体积可以近似看作旋转壳中面面积与厚度的乘积，如式(3-43)所示。

$$V_1 = t_1 \int_0^L 2R(x)\pi \mathrm{d}x \qquad (3-43)$$

假设蛋形耐压壳的轮廓形状已确定，则公式(3-43)中的系数 $\int_0^L 2R(x)\pi \mathrm{d}x$ 为定值，从式(3-43)中可看出薄壁体积 V_1 与设计厚度 t_1 之间呈线性关系。

蛋形耐压壳的浮力系数为材料重量与排水量的比值[9]，其计算公式为

$$\delta_1 = \frac{V_1 \rho_1}{V_{10} \rho_0} \qquad (3-44)$$

式中，V_{10} 为等厚蛋形耐压壳排水体积，可根据式(2-9)进行计算。

由式(3-42)与式(3-43)可看出，当强度为主要影响因素时，材料体积 V_1 与极限强度载荷 p_{s1} 呈线性关系；当屈曲为主要影响因素时，材料体积 V_1 与临界屈曲载荷 p_{q1} 呈非线性关系。此外，结合式(3-44)可知，由于塑性材料密度 ρ_1、等厚蛋形耐压壳排水体积 V_1 以及海水密度 ρ_0 为定值，则当强度为主要影响因素时，浮力系数 δ_1 与极限强度载荷 p_{s1} 呈线性关系；当屈曲为主要影响因素时，浮力系数 δ_1 与临界屈曲载荷 p_{q1} 呈非线性关系。

2)变厚蛋形耐压壳设计

不同于球形耐压壳，蛋形耐压壳承载能力沿着经线方向是变化的，即在均布外载的情况下，蛋形耐压壳的壳体应力沿着经线方向的值不一致，故可对蛋形耐压壳采用变厚设计，即将蛋形耐压壳的壳体应力沿着经线方向变为一致，所以本节在等厚蛋形耐压壳的基础上，对厚度进一步进行削减，达到在承受相同的强度下材料使用量最低的原则。本节将蛋形耐压壳厚度沿着长轴方向依次设计成等厚-变厚-等厚 3 段复合结构，且假设各段分别占长轴 L 的 a、$(1-2a)$、$a(a<0)$。在蛋形耐压壳的变厚区，考虑区域内每点的等效应力 $\sigma_{r4}(x)$ 都等于材料屈服应力 σ_s 的情况进行设计，而两端等厚区的厚度则分别等于与之相接的变厚区端部的厚度值，由此来对蛋形耐压壳进行整体厚度设计。

(1)厚度设计。与等厚蛋形耐压壳一致，需要分别考虑影响耐压壳安全性的主要因素。当强度占主要影响因素时，根据式(3-17)可推出蛋形耐压壳中部区域厚度分布函数 $t_2(x)$ 的表达式为

$$t_2(x) = \frac{p_s}{2\sigma_s}\left[R_2(x)\cdot\sqrt{3 - 3\cdot\frac{R_2(x)}{R_1(x)} + \left(\frac{R_2(x)}{R_1(x)}\right)^2}\right] \qquad (3-45)$$

为了使结果更加一般化，将厚度 $t_2(x)$ 作如下变化：

$$t_2(x) = T_2 t_0(x) \tag{3-46}$$

式中，$T_2 = \{t_2(x)\}_{\max}$ ；$t_0(x) = t_2(x) / \{t_2(x)\}_{\max}$ 。

将式 (3-46) 代入式 (3-45) 中，可推出极限强度载荷 p_{s2} 关于变厚蛋形耐压壳最大厚度 T_2 的函数关系式：

$$p_{s2} = \frac{2T_2 \sigma_s}{\left[R_2(x) \cdot \sqrt{3 - 3 \cdot \dfrac{R_2(x)}{R_1(x)} + \left(\dfrac{R_2(x)}{R_1(x)} \right)^2} \right]_{\max}} \tag{3-47}$$

在均布外载 p_s 一定的情况下，蛋形耐压壳最大厚度 T_2 可由式 (3-48) 确定。

$$T_2 = \frac{p_s \left[R_2(x) \cdot \sqrt{3 - 3 \cdot \dfrac{R_2(x)}{R_1(x)} + \left(\dfrac{R_2(x)}{R_1(x)} \right)^2} \right]_{\max}}{2\sigma_s} \tag{3-48}$$

变厚蛋形耐压壳的临界屈曲载荷 p_{q2} 依然采用式 (3-34) 进行计算，即

$$p_{q2} = \frac{2E\bar{t}^2}{(2\overline{R_1} - \overline{R_2}) \cdot \overline{R_2}} \cdot \sqrt{\frac{1}{3(1 - \mu^2)}} \tag{3-49}$$

式中，$\bar{t}$ 为平均厚度。由于失稳主要发生在蛋形耐压壳的中部区域，因此只对蛋形耐压壳中部区域进行局部失稳载荷计算。以长轴为基准向两端对称扩展取区间，并假设区间长度占长轴总长 L 的 m（m 为百分比）倍，则平均厚度 $\bar{t}$ 的计算公式为

$$\bar{t} = \frac{T_2 \displaystyle\int_{\frac{(1-m)L}{2}}^{\frac{(1+m)L}{2}} t_0(x)\mathrm{d}x}{mL} \tag{3-50}$$

将式 (3-50) 代入式 (3-49)，可得屈曲临界载荷 p_{q2} 关于最大厚度 T_2 的函数关系式如下：

$$p_{q2} = \frac{2ET_2^2 \left[\dfrac{\displaystyle\int_{\frac{(1-m)L}{2}}^{\frac{(1+m)L}{2}} t_0(x)\mathrm{d}x}{aL} \right]^2}{(2\overline{R_1} - \overline{R_2})\overline{R_2}} \cdot \sqrt{\frac{1}{3(1 - \mu^2)}} \tag{3-51}$$

同样，当蛋形耐压壳主要由于屈曲失稳而失效时，其最大厚度 T_2 可由式 (3-52) 确定。

$$T_2 = \frac{mL}{\displaystyle\int_{\frac{(1-m)L}{2}}^{\frac{(1+m)L}{2}} t_0(x)\mathrm{d}x} \sqrt{\frac{p_s(2\overline{R_1} - \overline{R_2})\overline{R_2}\sqrt{3(1 - \mu^2)}}{2E}} \tag{3-52}$$

综合考虑变厚蛋形耐压壳的强度与屈曲，则在均布外载 p_s 作用下，其最大设计厚度 T_2 可由式(3-53)确定。

$$T_2 = \left\{ \frac{p_s\left[R_2(x) \cdot \sqrt{3 - 3 \cdot \dfrac{R_2(x)}{R_1(x)} + \left(\dfrac{R_2(x)}{R_1(x)} \right)^2} \right]_{\max}}{2[\sigma]}, \right.$$
$$\left. \frac{mL}{\int_{\frac{(1-m)L}{2}}^{\frac{(1+m)L}{2}} t_0(x)\mathrm{d}x} \cdot \sqrt{\frac{p_s \overline{R_2}(2\overline{R_1} - \overline{R_2}) \cdot \sqrt{3(1-\mu^2)}}{2E}} \right\}_{\max} \tag{3-53}$$

此外，蛋形耐压壳左端等厚区的厚度 t_z 与右端等厚区的厚度 t_y 分别等于与之相连的中部变厚区端点值，若强度为其主要影响因素，则 t_z、t_y 计算公式为

$$\begin{cases} t_z = t_2(aL) = \dfrac{p_s}{2\sigma_s}\left[R_2(aL)\sqrt{3 - 3 \cdot \dfrac{R_2(aL)}{R_1(aL)} + \left(\dfrac{R_2(aL)}{R_1(aL)} \right)^2} \right] \\ t_y = t_2(L-aL) = \dfrac{p_s}{2\sigma_s}\left[R_2(L-aL)\sqrt{3 - 3 \cdot \dfrac{R_2(L-aL)}{R_1(L-aL)} + \left(\dfrac{R_2(L-aL)}{R_1(L-aL)} \right)^2} \right] \end{cases} \tag{3-54}$$

若屈曲为主要因素，则 t_z、t_y 计算公式为

$$\begin{cases} t_z = t_2(aL) \cdot (T_2'/T_2) \\ t_y = t_2(L-aL)(T_2'/T_2) \end{cases} \tag{3-55}$$

式中，T_2' 与 T_2 计算公式为

$$\begin{cases} T_2' = \dfrac{p_s\left[R_2(x) \cdot \sqrt{3 - 3 \cdot \dfrac{R_2(x)}{R_1(x)} + \left(\dfrac{R_2(x)}{R_1(x)} \right)^2} \right]_{\max}}{2\sigma_s} \\ T_2 = \dfrac{mL}{\int_{\frac{(1-m)L}{2}}^{\frac{(1+m)L}{2}} t_0(x)\mathrm{d}x} \sqrt{\dfrac{p_s(2\overline{R_1} - \overline{R_2})\overline{R_2}\sqrt{3(1-\mu^2)}}{2E}} \end{cases} \tag{3-56}$$

(2)浮力系数。变厚蛋形耐压壳由于厚度不均匀，其薄壁体积采用积分法进行求解，薄壁体积由 3 段结构组合而成，体积计算公式为

$$V_2 = T_2\left[\int_0^{aL} 2\pi R(x)t_2(aL)\mathrm{d}x + \int_{aL}^{L-aL} 2\pi R(x)t_2(x)\mathrm{d}x + \int_{L-aL}^{L} 2\pi R(x)t_2(L-aL)\mathrm{d}x \right] \tag{3-57}$$

由式 (3-57) 可知，当蛋形耐压壳的轮廓形状以及基本参数确定时，系数

$\int_0^{aL} 2\pi R(x)t_2(aL)\mathrm{d}x + \int_{aL}^{L-aL} 2\pi R(x)t_2(x)\mathrm{d}x + \int_{L-aL}^{L} 2\pi R(x)t_2(L-aL)\mathrm{d}x$ 为定值，所以变厚蛋形耐压壳的材料体积 V_2 与最大厚度 T_2 呈线性关系。

蛋形耐压壳的浮力系数为材料重量与排水量的比值[9]，其计算公式为

$$\delta_2 = \frac{V_2\rho_1}{V_{20}\rho_0} \tag{3-58}$$

式中，V_{20} 为变厚蛋形耐压壳排水体积，可根据式(2-9)进行计算。

与等厚蛋形耐压壳类似，由式(3-53)与式(3-57)可以看出，当强度为主要影响因素时，材料体积 V_2 与极限强度载荷 p_{s2} 呈线性关系；当屈曲为主要影响因素时，材料体积 V_2 与临界屈曲载荷 p_{q2} 呈非线性关系。此外，结合式(3-58)可知，由于塑性材料密度 ρ_1、变厚蛋形耐压壳排水体积 V_{20} 以及海水密度 ρ_0 为定值，则当强度为主要影响因素时，浮力系数 δ_2 与极限强度载荷 p_{s2} 呈线性关系；当屈曲为主要影响因素时，浮力系数 δ_2 与临界屈曲载荷 p_{q2} 呈非线性关系。

3) 球形耐压壳厚度设计

球形耐压壳作为蛋形耐压壳的一种特例，其各项参数的求解方法均与蛋形耐压壳基本一致。

(1)厚度设计。球形耐压壳的第一曲率半径 $R_1(x)$ 与第二曲率半径 $R_2(x)$ 相等，且都等于球壳的半径 R，则由式(3-15)、式(3-16)以及式(3-17)可推出其经向应力 $\sigma_\varphi(x)$、纬向应力 $\sigma_\theta(x)$、等效应力 $\sigma_{r4}(x)$ 三者大小相等，即

$$\sigma_{r4}(x) = |\sigma_\theta(x)| = |\sigma_\varphi(x)| = \frac{p_s R}{2t_3} \tag{3-59}$$

式(3-59)即为 CSS、ABS 等规范中关于球形耐压壳强度计算的共性理论基础[10-13]。

与蛋形耐压壳类似，需要对球形耐压壳的安全性影响因素进行讨论。若球形耐压壳因强度而破坏，则其厚度 t_3 确定如下：

$$t_3 = \frac{p_s R}{2\sigma_s} \tag{3-60}$$

假设厚度 t_3 已确定，则其极限强度载荷 p_{s3} 的计算公式为

$$p_{s3} = \frac{3t_3\sigma_s}{R} \tag{3-61}$$

同样，球形耐压壳的屈曲临界载荷也采用式(3-34)进行计算求解。

$$p_{q3} = \frac{2Et_3^2}{R^2} \cdot \sqrt{\frac{1}{3(1-\mu^2)}} \tag{3-62}$$

式(3-62)为 Zoelly 经典理论公式[14]，同时也是 CSS、ABS 等规范中关于球形耐压壳屈曲计算的共性理论基础[10-13]。

在均布外载情况下，球形耐压壳主要由于屈曲失稳而失效时，其厚度 t_3 为

$$t_3 = \sqrt{\frac{p_s R^2 \cdot \sqrt{3(1-\mu^2)}}{2E}} \tag{3-63}$$

综合考虑球形耐压壳的强度与屈曲，在均布外载 p_s 的情况下，其厚度 t_3 为

$$t_3 = \left\{ \frac{p_s R}{2[\sigma]}, \sqrt{\frac{p_s R^2 \cdot \sqrt{3(1-\mu^2)}}{2E}} \right\}_{max} \tag{3-64}$$

(2)浮力系数。球形耐压壳的薄壁体积计算方法与蛋形耐压壳类似，即等于中面面积与厚度的乘积，即

$$V_3 = 4\pi R^2 t_3 \tag{3-65}$$

在式(3-65)中，系数 $4\pi R^2$ 为定值，所以壳体材料体积 V_3 与设计厚度 t_3 呈线性关系。

球形耐压壳的浮力系数为壳壁重量与排水量比值[9]，即

$$\delta_3 = \frac{V_3 \rho_1}{V_{30} \rho_0} \tag{3-66}$$

式中，V_{30} 为球形耐压壳排水体积，可根据公式 $V_{30} = 4\pi R^3/3$ 求得。

与蛋形耐压壳类似，由式(3-64)与式(3-65)可知，当强度为主要影响因素时，材料体积 V_3 与极限强度载荷 p_{s3} 呈线性关系；当屈曲为主要影响因素时，材料体积 V_3 与屈曲临界载荷 p_{q3} 呈非线性关系。此外，结合式(3-66)可看出，材料密度 ρ_1、球形耐压壳排水体积 V_{30} 以及海水密度 ρ_0 为定值，因此，当强度为主要影响因素时，浮力系数 δ_3 与极限强度载荷 p_{s3} 呈线性关系；当屈曲为主要影响因素时，浮力系数 δ_3 与屈曲临界载荷 p_{q3} 呈非线性关系。

2. 脆性材料

脆性材料一般在外力作用下产生很小的变形就会发生破坏失效，如碳纤维、陶瓷纤维、芳纶纤维增强的树脂基复合材料等，当蛋形耐压壳用这类脆性材料进行加工制造时，耐压壳的强度主要由最大应力(纬向应力)主导，即当耐压壳体所受最大应力超过屈服应力时，壳体将会发生破坏而失效。所以，本节主要从脆性材料的角度对蛋形耐压壳进行厚度设计。脆性材料下球形耐压壳的厚度设计与塑性材料下基本一致，本节将不再重复阐述。

1)等厚蛋形耐压壳设计

由于 $R_2(x)/R_1(x) \leqslant 1$（将在第 4 章进行详细讨论），所以由式(3-16)可知，$\sigma_\theta(x) \geqslant \sigma_\varphi(x)$，则以 $\{\sigma_\theta(x)\}_{max} \leqslant \sigma_s$（考虑安全系数 1.5）为准则，设计其整体厚度。同时为了使蛋形耐压壳材料最小化，仅考虑 $\{\sigma_\theta(x)\}_{max} = \sigma_s$ 的情况，并由此对等厚蛋形耐压壳进行厚度设计。

与塑性材料下的蛋形耐压壳一样，需要考虑导致蛋形耐压壳失效的主要因素，本节将分别对其强度与屈曲进行讨论。

蛋形耐压壳主要由于强度而破坏时，其厚度 t_4 可以由式(3-16)转换而得

$$t_4 = \frac{p_s}{2\sigma_s}\left[\frac{2R_1(x)R_2(x) - R_2^2(x)}{R_1(x)}\right]_{\max} \tag{3-67}$$

同时，不妨对式(3-67)进行转换，可以得出极限强度载荷 p_{s4} 关于厚度 t_4 的表达式为

$$p_{s4} = 2t_4\sigma_s \cdot \left\{\frac{1}{R_2(x)\cdot[2 - R_2(x)/R_1(x)]}\right\}_{\min} \tag{3-68}$$

脆性材料下的蛋形耐压壳依然采用式(3-34)进行临界屈曲载荷 p_{q4} 的计算，如式(3-69)所示。

$$p_{q4} = \frac{2Et_4^2}{(2\overline{R_1} - \overline{R_2})\cdot\overline{R_2}} \cdot \sqrt{\frac{1}{3(1-\mu^2)}} \tag{3-69}$$

当蛋形耐压壳由于屈曲而失效时，其厚度 t_4 为

$$t_4 = \sqrt{\frac{p_{q4}\overline{R_2}(2\overline{R_1} - \overline{R_2})\sqrt{3(1-\mu^2)}}{2E}} \tag{3-70}$$

综合考虑蛋形耐压壳的强度与屈曲，在均布外载 p_s 作用下，其厚度 t_4 为

$$t_4 = \left\{\frac{p_s}{2\sigma_s}\left[\frac{2R_1(x)R_2(x) - R_2^2(x)}{R_1(x)}\right]_{\max}, \sqrt{\frac{p_s\overline{R_2}(2\overline{R_1} - \overline{R_2})\sqrt{3(1-\mu^2)}}{2E}}\right\}_{\max} \tag{3-71}$$

等厚蛋形耐压壳在脆性材料下的浮力系数与在塑性材料下的浮力系数计算公式一致，这里不再赘述。

2) 变厚蛋形耐压壳设计

与塑性材料下变厚蛋形耐压壳的设计类似，将蛋形耐压壳沿着长轴方向依次设计成等厚-变厚-等厚 3 段复合结构，且假设各段分别占长轴 L 总长的 a、$(1-2a)$、$a(a<1)$。由于纬向应力大于经向应力，所以在蛋形耐压壳的中部变厚区，采用纬向应力等于材料屈服应力（$\sigma_\theta(x)=\sigma_s$）的情况进行设计，而两端等厚区的厚度分别等于与之相连的中部变厚区端部厚度，由此来对蛋形耐压壳进行变厚设计。

蛋形耐压壳由于强度而失效时，其厚度 $t_5(x)$ 可由式(3-16)推出而得

$$t_5(x) = \frac{p_s}{2\sigma_s}\frac{2R_1(x)R_2(x) - R_2^2(x)}{R_1(x)} \tag{3-72}$$

为了使结果更加一般化，将厚度 $t_2(x)$ 作如下变化：

$$t_5(x) = T_5 t_0(x) \tag{3-73}$$

式中，$T_5 = \{t_5(x)\}_{\max}$；$t_0(x) = t_5(x) / \{t_5(x)\}_{\max}$。

结合式(3-72)与式(3-73)，可推出极限强度载荷 p_{s5} 的计算公式为

$$p_{s5} = 2T_5\sigma_s \left\{ \frac{1}{R_2(x) \cdot [2 - R_2(x) / R_1(x)]} \right\}_{\min} \tag{3-74}$$

同时，若已知极限强度载荷 p_{s5}，则变厚区最大厚度 T_5 的表达式为

$$T_5 = \frac{p_{s5}}{2\sigma_s \left\{ \dfrac{1}{R_2(x) \cdot [2 - R_2(x) / R_1(x)]} \right\}_{\min}} \tag{3-75}$$

变厚蛋形耐压壳的临界屈曲载荷 p_{q5} 依然采用式(3-34)进行计算，表达式为

$$p_{q5} = \frac{2E\bar{t}^2}{(2\overline{R_1} - \overline{R_2})\overline{R_2}} \cdot \sqrt{\frac{1}{3(1-\mu^2)}} \tag{3-76}$$

式中，$\bar{t}$ 为平均厚度。由于失稳主要发生在蛋形耐压壳的中部区域，因此只对蛋形耐压壳中部区域进行局部屈曲载荷计算。以长轴中点为基准，向两端扩展取区间，假设所取区间长度为长轴总长度 L 的 m（m 为百分比）倍，则平均厚度 $\bar{t}$ 的计算公式为

$$\bar{t} = \frac{T_5 \displaystyle\int_{\frac{(1-m)L}{2}}^{\frac{(1+m)L}{2}} t_0(x)\mathrm{d}x}{mL} \tag{3-77}$$

结合式(3-77)与式(3-76)，可推出屈曲临界载荷的表达式为

$$p_{q5} = \frac{2ET_5^2 \left[\dfrac{\displaystyle\int_{\frac{(1-m)L}{2}}^{\frac{(1+m)L}{2}} t_0(x)\mathrm{d}x}{aL} \right]^2}{(2\overline{R_1} - \overline{R_2})\overline{R_2}} \cdot \sqrt{\frac{1}{3(1-\mu^2)}} \tag{3-78}$$

当蛋形耐压壳由于屈曲而失效时，其最大厚度 T_5 可由式(3-79)确定。

$$T_5 = \frac{mL}{\displaystyle\int_{\frac{(1-m)L}{2}}^{\frac{(1+m)L}{2}} t_0(x)\mathrm{d}x} \sqrt{\frac{p_{q5}(2\overline{R_1} - \overline{R_2})\overline{R_2}\sqrt{3(1-\mu^2)}}{2E}} \tag{3-79}$$

综合考虑变厚蛋形耐压壳的强度与屈曲，则在均布外载 p_s 作用下，其中部变厚区的最大厚度 T_5 可由式(3-80)确定。

$$T_5 = \left\{ \cfrac{p_s}{2\sigma_s \left[\cfrac{1}{R_2(x) \cdot (2 - R_2(x)/R_1(x))} \right]_{\min}}, \cfrac{mL}{\int_{\frac{(1-m)L}{2}}^{\frac{(1+m)L}{2}} t_0(x)\mathrm{d}x} \sqrt{\cfrac{p_s(2\overline{R}_1 - \overline{R}_2)\overline{R}_2 \sqrt{3(1-\mu^2)}}{2E}} \right\}_{\max}$$

(3-80)

此外，蛋形耐压壳左端等厚区的厚度 t_z 与右端等厚区的厚度 t_y 分别等于与之相连的中部变厚区的端点值，若强度为其安全性的主要影响因素，则 t_z、t_y 计算公式为

$$\begin{cases} t_z = t_5(aL) = \cfrac{p_s}{2\sigma_s} \cfrac{2R_1(aL)R_2(aL) - R_2^2(aL)}{R_1(aL)} \\ t_y = t_5(L-aL) = \cfrac{p_s}{2\sigma_s} \cfrac{2R_1(L-aL)R_2(L-aL) - R_2^2(L-aL)}{R_1(L-aL)} \end{cases}$$

(3-81)

若屈曲为其安全性的主要影响因素，则 t_z、t_y 计算公式为

$$\begin{cases} t_z = t_5(aL) \cdot (T_5'/T_5) \\ t_y = t_5(L-aL)(T_5'/T_5) \end{cases}$$

(3-82)

式中，T_5' 与 T_5 分别有如下等式：

$$\begin{cases} T' = \cfrac{p_s}{2\sigma_s \left\{ \cfrac{1}{R_2(x) \cdot \left[2 - R_2(x)/R_1(x) \right]} \right\}_{\min}} \\ T_5 = \cfrac{mL}{\int_{\frac{(1-m)L}{2}}^{\frac{(1+m)L}{2}} t_0(x)\mathrm{d}x} \sqrt{\cfrac{p_s(2\overline{R}_1 - \overline{R}_2)\overline{R}_2 \sqrt{3(1-\mu^2)}}{2E}} \end{cases}$$

(3-83)

变厚蛋形耐压壳在脆性材料下的浮力系数与在塑性材料下的浮力系数计算公式一致，这里不再赘述。

3.3　本　章　小　结

首先通过一般薄壳理论对蛋形壳体的强度与屈曲进行理论推导；接着基于 $N\text{-}R$ 方程对蛋形耐压壳进行形状设计；最后同时考虑两种材料，并分别在蛋形壳体理论的基础上对蛋形耐压壳进行等厚与变厚设计，通过上述研究可得出如下结论。

(1)以一般薄壳理论为基础,推出蛋形壳体在均布外载下的强度与屈曲理论计算公式，并对蛋形壳体第一曲率半径与第二曲率半径进行详细推导，为蛋形耐压壳力

学特性研究打下理论基础，同时为其结构设计提供理论指导。

（2）提出了两种材料下蛋形耐压壳结构设计思路，并给出蛋形耐压壳等厚与变厚理论设计公式，为蛋形耐压壳的仿生设计打下理论基础；同时可得出耐压壳的材料体积、浮力系数与极限强度呈线性关系，而与屈曲临界载荷呈非线性关系。

参 考 文 献

[1] Ventsel E, Krauthammer T. Thin Plates and Shells: Theory, Analysis and Applications[M]. New York: Marcel Dekker, 2001.

[2] 任奕林. 基于外形特征的鸡蛋生物力学特性研究[D]. 武汉：华中农业大学，2007.

[3] Krivoshapko S N. Research on general and axisymmetric ellipsoidal shells used as domes, pressure vessels, and tanks[J]. Applied Mechanics Reviews 2007, 60(6):336-55.

[4] Grigolyuk E I. Plastic buckling of shells of revolution[J]. Izv. Akad. Nauk SSSR, Otd. Tekh. Nauk, 1958, 2:130-2 (in Russian).

[5] Mushtari H M. On elastic equilibrium of a thin shell with initial irregularities of the form of a middle surface[J]. PMM 1915;15(6):743-50 (in Russian).

[6] Babich D V. Stability of shells of revolution with multifocal surfaces[J]. International Applied Mechanics, 1993, 29(11):935-938.

[7] Zhang J, Wang M L, Wang W B, et al. Investigation on egg-shaped pressure hulls[J]. Marine Struvtures, 2017, 52:50-66.

[8] 张建，王明禄，王纬波，等. 蛋形耐压壳力学特性研究[J]. 船舶力学, 2016, (Z1):99-109.

[9] 刘涛. 大深度潜水器结构分析与设计研究[D]. 无锡：中国船舶科学研究中心, 2001.

[10] Rules for the classification and construction of diving systems and submersibles[S]. Published by China Classification Society(CCS) in 2013, 2013.

[11] Rules for classification and construction, 1-ship technology,5-underwater technology, 3-unmanned submersibles[S]. Published by Germanischer Lloyd(GL) in 2009, 2009.

[12] Rules for the classification of underwater vehicles[S]. Published by Korean Register of shipping (KR) in 2012, 2012.

[13] Rules for building and classing underwater vehicles, systems and hyperbaric facilities 2010 [S]. Published by American Bureau of Shipping (ABS) in 2010, 2010.

[14] Zoelly R. Über ein Knickungsproblem an der Kugelschale [D]. Zürich: Thesis, 1915.

第4章　蛋形耐压壳屈曲研究

本章将通过数值、理论与试验相结合的方式对蛋形耐压壳屈曲特性进行研究。首先，根据第3章蛋形耐压壳的结构设计方法，建立蛋形耐压壳等厚与变厚数学模型，而蛋形耐压壳的结构设计是一个综合考虑长轴、短轴、厚度、轮廓函数以及均布外载的设计过程，本章将从具体水深出发，对蛋形耐压壳结构的完整设计进行详细阐述。屈曲是一般薄壁回转体发生失稳的典型模式[1]，在耐压壳早期设计阶段，关于蛋形耐压壳屈曲数值的研究，对其结构设计的安全性评判尤其重要。同时，本章将设计同比条件下的球形耐压壳，并与蛋形耐压壳进行对比分析。此外，轮廓形状与壁厚是影响蛋形耐压壳结构的重要参数，故研究其对于蛋形耐压壳屈曲特性的影响具有重要意义，便于蛋形耐压壳参数的优化设计以及设计人员在实际设计过程中进行相关参数的选用。最后，通过蛋形耐压壳比例模型试验，对蛋形耐压壳屈曲机理进行验证。本章组织结构如图4.1所示。

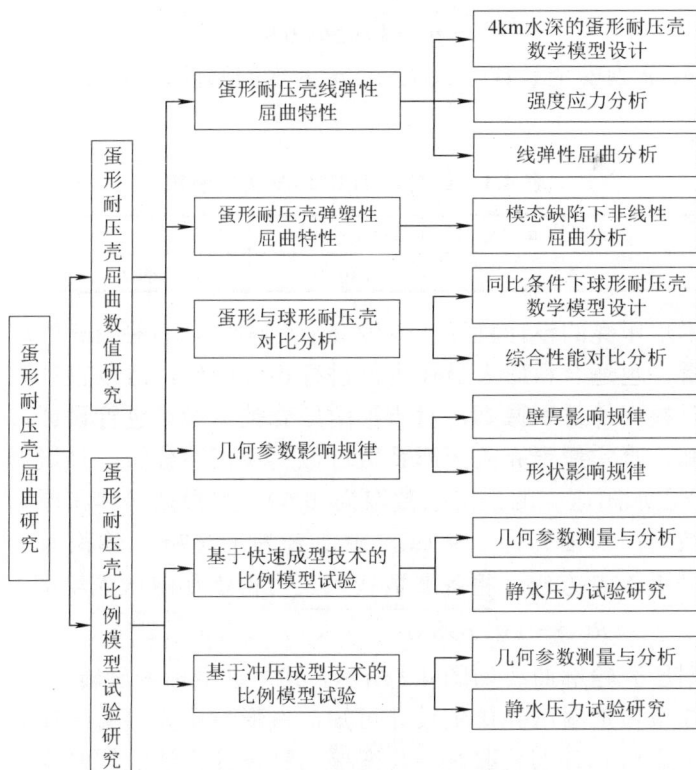

图4.1　本章组织结构图

4.1　蛋形耐压壳线弹性屈曲特性

稳定性是影响薄壳结构安全性的主要因素,而屈曲则是稳定性评判的重要指标,故研究蛋形耐压壳的线弹性屈曲特性对其整体安全性的掌握有重要意义。

1. 蛋形耐压壳数学模型建立

深海潜水器工作深度一般为 0～7km,而对应水深下的计算载荷 p_s 可以根据式(4-1)进行计算[2]。本节则主要对 4km 中等水深下的蛋形耐压壳进行耐压特性研究,根据式(4-1)可以求出相应的计算载荷为 65.33MPa。考虑到耐压壳体的可加工性,现役潜水器中的耐压壳壳体多采用塑性材料,且考虑到耐压壳工作环境为深海,则必然要求壳体材料具有很好的耐腐蚀性与极大的比强度,故本试验选用钛合金 Ti-6Al-4V(TC4)作为蛋形耐压壳壳体材料[3],其力学参数如表 4.1 所示,此材料具有强度高、耐腐蚀性好、可塑性好、耐热性高等优点,已被广泛应用于航天航空工业。

$$p_s = k\rho_0 gh / 0.9 \tag{4-1}$$

式中, h 为水深; k 为安全系数,取 1.5; ρ_0 为水的密度,取 1g/cm³; g 为重力加速度,取 9.8m/s²。

表 4.1　钛合金 Ti-6Al-4V 力学参数

弹性模量 E/GPa	泊松比 μ	屈服强度 σ_s/MPa	抗拉强度 σ_b/MPa	密度 ρ/(g/cm³)
110	0.3	830	869.7	4.5

国内外球形耐压壳的设计直径一般为 2m 左右[4,5],直径 2m 的球形耐压壳既适合内部设备布置,也适合科研人员在内部进行相关操作,故以直径为 2m 的球形耐压壳为参照,且根据等体积原则,对蛋形耐压壳基本参数进行设计。由第 2 章蛋壳生物学特性可知,真实鹅蛋壳的蛋形系数近似呈现正态分布,且蛋形系数期望值为 0.69,所以本节蛋形耐压壳的蛋形系数取为 0.69,则根据等体积原则,设计的蛋形耐压壳基本参数为:长轴 L 为 2.561m,短轴 B 为 1.767m,体积为 4.06m³。蛋形耐压壳轮廓函数采用 N-R 方程,将各参数代入,可得蛋形耐压壳轮廓方程为

$$R(x) = \pm\sqrt{1.6988x^{1.4365} - x^2}, \quad 0 \leqslant x \leqslant 2.561 \tag{4-2}$$

所确定的蛋形耐压壳轮廓曲线如图 4.2 所示,其中纵坐标为旋转半径,横坐标以 x/L 来表示。由第 3 章蛋形耐压壳仿生设计可知,蛋形耐压壳沿着经线方向的应力值不一致,故对蛋形耐压壳分别采取等厚与变厚两种设计方法,同时由 3.2 节可知,对于蛋形耐压壳厚度设计需要先确定影响蛋形耐压壳安全性的主要因素,故对本节所

设计的蛋形耐压壳在 4km 水深下进行力学特性的分析与讨论。

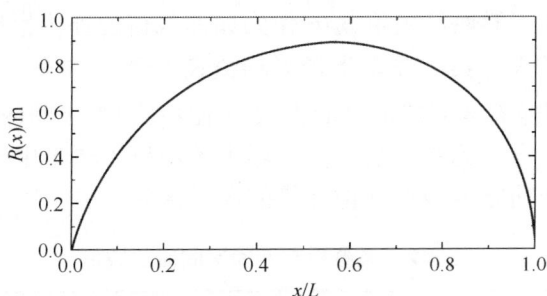

图 4.2　蛋形耐压壳几何轮廓

1) 蛋形耐压壳几何特性

蛋形耐压壳第一曲率半径 R_1 与第二曲率半径 R_2 可由 3.1.1 节中式(3-23)与式(3-22)分别求出。沿着长轴方向，第一曲率半径 R_1 与第二曲率半径 R_2 的分布如图 4.3 所示，第二曲率半径与第一曲率半径的比值如图 4.4 所示。由图 4.3 可知，从尖端到钝端，第一曲率半径与第二曲率半径都呈现先上升后下降趋势，且第一曲率半径大于第二曲率半径。且由图 4.4 可直观看出，从尖端到钝端，第二曲率半径与第一曲率半径的比值 R_2/R_1 逐渐增大，但都小于 1。此外，结合式(3-16)可知，蛋形壳体的纬向应力大于经向应力。

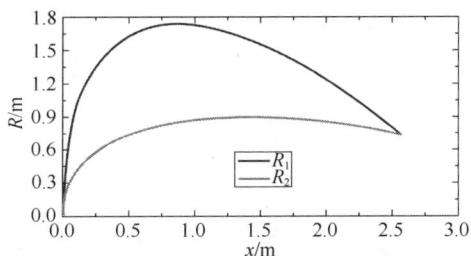

图 4.3　第一曲率半径与第二曲率半径

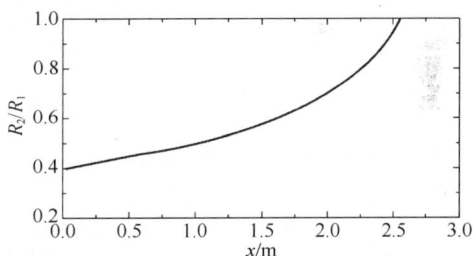

图 4.4　第二曲率半径与第一曲率半径比值

2) 区间对屈曲临界载荷影响规律

在蛋形耐压壳临界屈曲理论式(3-34)中，参数 $\overline{R_1}$ 与 $\overline{R_2}$ 分别为第一曲率半径平均值与第二曲率半径平均值，对于均值而言，必然存在相应的计算区间，因此对曲率半径的选取区间进行简单讨论。

根据 2.2 节真实鹅蛋壳的破坏形式可知，蛋壳的中部区域往往是危险区域，将会首先发生失稳。由此，本节对曲率半径的选取区间作如下规定：以长轴中点为中心，同时向两端扩展选取区间，总共选取 6 段，每段长度分别占长轴 L 的 10%、20%、40%、60%、80%、100%，$\overline{R_1}$ 与 $\overline{R_2}$ 则分别为各段区间内的平均值。6 段区间内的第

一曲率半径平均值 $\overline{R_1}$、第二曲率半径平均值 $\overline{R_2}$ 以及屈曲载荷如表 4.2 所示，同时，为了使屈曲载荷更具一般性，采用 p_q/t^2 作为屈曲载荷的评价指标。由表 4.2 可知，随着区间段的不断扩大，第一曲率半径平均值 $\overline{R_1}$ 与第二曲率半径平均值 $\overline{R_2}$ 相应地不断减小；p_q/t^2 值则随着区间段的不断扩大而增大，10%区间内 p_q/t^2 值最小，100%区间内 p_q/t^2 值最大，考虑到蛋形耐压壳破坏失效部位主要集中于中部赤道区域，故选取 40%区间作为屈曲临界载荷理论计算的参考区间。

表 4.2　各参数在不同区间段的取值

参数	10%	20%	40%	60%	80%	100%
$\overline{R_1}$ /m	1.6429	1.6392	1.6102	1.5639	1.5006	1.3912
$\overline{R_2}$ /m	0.8878	0.8843	0.8742	0.8569	0.8248	0.7844
$(p_q/t^2)/(\mathrm{MPa/m^2})$	62540.77	62895.45	64918.06	68426.64	73969.67	84958.75

3) 蛋形耐压壳力学特性

由于蛋形耐压壳形状已确定，根据式 (3-42) 可以对其进行等厚设计，根据式 (3-53) 可以对其进行变厚设计。为此，分别作出等厚蛋形耐压壳的极限强度载荷与厚度关系曲线 p_{s1}-t_1、临界屈曲载荷与厚度关系曲线 p_{q1}-t_1，变厚蛋形耐压壳的极限强度载荷与厚度关系曲线 p_{s2}-T_2、临界屈曲载荷与厚度关系曲线 p_{q2}-T_2，如图 4.5 所示。

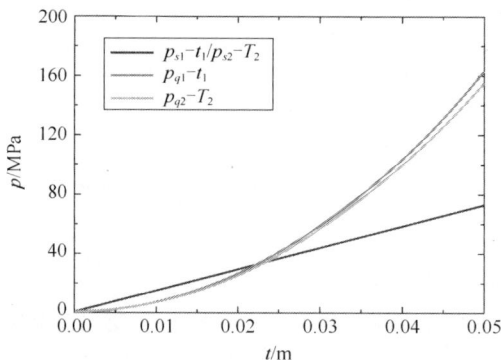

图 4.5　蛋形耐压壳强度与屈曲厚度载荷对比

由图 4.5 可知，等厚蛋形耐压壳与变厚蛋形耐压壳具有相同的 p_{s1}-t_1 曲线，表明两种设计方案下蛋形耐压壳的最大强度应力值相同；等厚蛋形耐压壳 p_{q1}-t_1 曲线在变厚蛋形耐压壳 p_{q2}-T_2 曲线的上方，表明在设计厚度相同时即等厚蛋形耐压壳的厚度与变厚蛋形耐压壳的最大厚度相同时，等厚蛋形耐压壳能达到的临界屈曲载荷值大于变厚蛋形耐压壳，这一点不难理解，变厚蛋形耐压壳在等厚基础上进行厚度的削减，其失稳载荷会下降。此外，由图中亦可看出，等厚蛋形耐压壳与变厚蛋形耐压壳各自的强度曲线与屈曲曲线都存在交点，则在同一水深载荷下，2 种蛋形耐压壳都同时满足以下结论：交点之前，屈曲是影响蛋形耐压壳安全性的主要因素；交点之后，强度是影响蛋形耐压壳安全性的主要因素，故可分别确定 2 种蛋形耐压壳强度曲线与屈曲曲线的交点值，并将 4km 水深下的均布外载 p_s 与其进行对比，进而确定影响蛋形耐压壳安全性的主要因素，由此选取相关的厚度计算公式对等厚蛋形耐压壳与变厚蛋形耐压壳进行厚度设计。

对于等厚蛋形耐压壳，将式 (3-39) 与式 (3-40) 联立方程组，可求解出其在交点处的载荷与厚度分别为 32.08MPa、0.02223m。结合图 4.5 可知，当水深产生的均布外载小于 32.08MPa 时，屈曲是影响等厚蛋形耐压壳安全性的主要因素，可以根据式 (3-40) 对其进行厚度设计；当水深产生的均布外载大于 32.08MPa 时，强度是影响等厚蛋形耐压壳安全性的主要因素，可以根据式 (3-39) 对其进行厚度设计。

对于变厚蛋形耐压壳，将式 (3-47) 与式 (3-51) 联立方程组，可求解出其在交点处的载荷与厚度分别为 33.47MPa、0.02321m。结合图 4.5 可知，当水深产生的均布外载小于 33.47MPa 时，屈曲是影响变厚蛋形耐压壳安全性的主要因素，可以根据式 (3-51) 对其进行最大厚度设计；当水深产生的均布外载大于 33.47MPa 时，强度是影响变厚蛋形耐压壳安全性的主要因素，可以根据式 (3-47) 对其进行最大厚度设计。

4km 水深下均布外载为 65.33MPa，参照图 4.5 可知，此均布外载都超过了 2 种蛋形耐压壳交点处的载荷值，所以影响 2 种耐压壳安全性的因素都为强度。则根据以上分析，等厚蛋形耐压壳的设计厚度可以根据式 (3-39) 求出，其值为 45.3mm；变厚蛋形耐压壳的区间系数 m 取 5%，即变厚蛋形耐压壳从尖端到钝端三段复合形式为 5% 等厚区 +90% 变厚区 +5% 等厚区，则根据式 (3-47) 可求出其最大设计厚度为 45.3mm，且根据式 (3-57) 可求出尖端等厚区与钝端等厚区的厚度分别为 0.02507m、0.03142m。等厚蛋形耐压壳与变厚蛋形耐压壳的厚度分布如图 4.6 所示，此厚度下的等厚蛋形耐压壳与变厚蛋形的应力分布如图 4.7 所示。

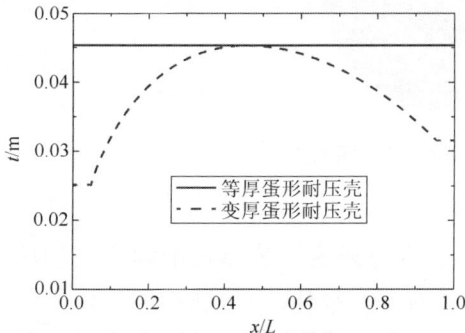

图 4.6　蛋形耐压壳厚度分布　　　　　　　图 4.7　蛋形耐压壳应力分布

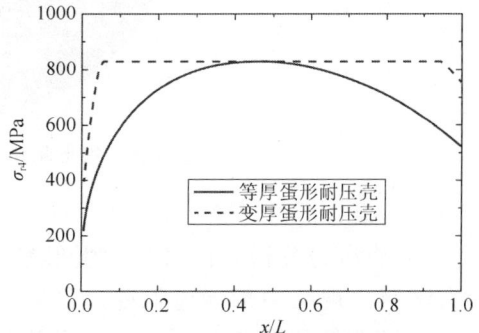

2. 蛋形耐压壳数值计算

1)数值建模

采用 Pro/Engineer 软件对 4.1 节中等厚蛋形耐压壳与变厚蛋形耐压壳的数学模型分别进行三维 CAD 建模,并抽取中面,接着采用 ANSA 前处理软件对中面模型进行网格划分。蛋形耐压壳的网格划分形式采用钱币画法,如图 4.8 所示,单元类型为线性四边形单元 S4,共有 9534 个单元、9536 个节点,其中,对于网格的收敛性本节前期已做过检查,这种网格划分形式同时适用于等厚蛋形耐压壳与变厚蛋形耐压壳。2 种蛋形耐压壳材料均采用钛合金,其材料力学性能参数如表 4.1 所示。2 种蛋形耐压壳均根据图 4.6 对各自数值模型进行厚度赋值,其中,变厚蛋形耐压壳采用离散点厚度赋值法。载荷以均布外载的形式分别施加在蛋形耐压壳表面,大小为 65.33MPa。理论上,蛋形耐压壳在海里工作时不受任何约束,但为消除模型的刚性位移,便于数值分析,本节将采用三点约束法,即在蛋形耐压壳的同一经线上选择 3 个点来限制其 6 个方向自由度,从尖端到钝端,3 个点的约束依次是 $U_y=U_z=0$、$U_x=U_y=0$、$U_y=U_z=0$,如图 4.8 所示。此约束方法所求得各约束反力接近 0,说明所施加的约束仅为虚约束,仅限制了模型的刚性位移。对 2 种蛋形耐压壳分别定义两种工况进行分析:①线性准静态分析;②线弹性屈曲分析。其中,对蛋形耐压壳进行线性准静态分析时不施加任何约束,约束仅限于蛋形耐压壳进行线性屈曲分析时施加。采用有限元分析软件 ABAQUS/Standard 分别对 2 种蛋形耐压壳进行数值求解计算,最后,采用 ABAQUS/Viewer 对计算结果进行后处理。

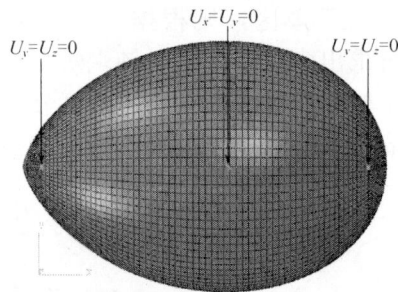

图 4.8　蛋形耐压壳网格画法与边界约束

2)结果分析与讨论

(1)静应力分析。图 4.9 为蛋形耐压壳等效应力云图。等厚蛋形耐压壳的应力最大区域出现在中部赤道附近,且最大应力值为 835.5MPa,与理论解的误差仅为 0.7%,证明等厚蛋形耐压壳强度分析模型是正确的;变厚蛋形耐压壳的最大等效应力集中于中部 90%变厚区,两端部应力值较小,且变厚区的平均应力值为

827.1MPa，与理论解的误差仅为 0.35%，证明变厚蛋形耐压壳强度分析模型是正确的。

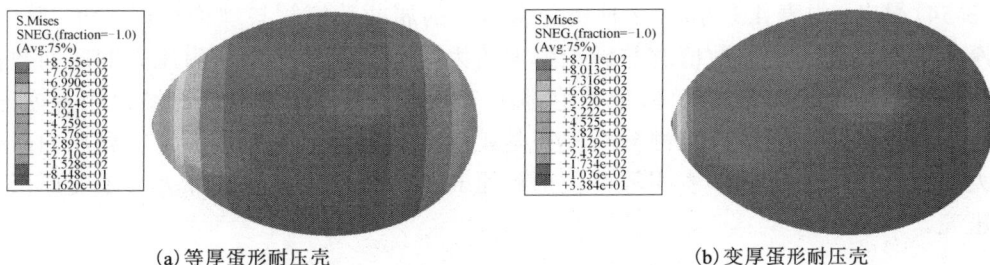

(a)等厚蛋形耐压壳　　　　　　　　　　　　　　(b)变厚蛋形耐压壳

图 4.9　蛋形耐压壳等效应力云图

　　此外，为了进一步研究蛋形耐压壳表面应力分布数值解与理论解的差异性，对蛋形耐压壳沿着一条经线方向选取路径，如图 4.10 所示，路径的选取方向为尖端到钝端。对路径上所有点分别读取等效应力值，并与理论解进行对比，等厚蛋形耐压壳与变厚蛋形耐压壳的等效应力分布分别如图 4.11(a)、(b)所示。由图 4.11(a)可知，等厚蛋形耐压壳等效应力分布数值解与理论解趋势一致，基本都呈现先上升后下降趋势，且中部区域重合率高；由图 4.11(b)可知，变厚蛋形耐压壳的等效

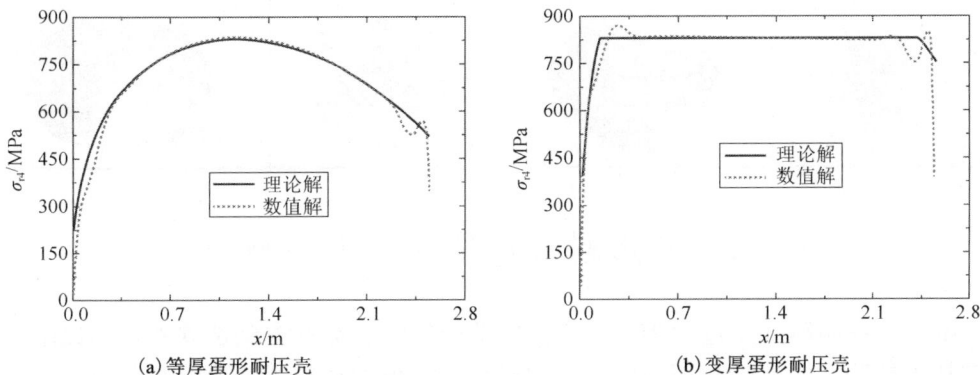

图 4.10　蛋形耐压壳节点路径选择

应力分布数值解与理论解相近，尤其在中部变厚区，等效应力值的数值解与理论解基本重合。上述蛋形耐压壳等效应力的数值解与理论解互相佐证，证明了理论模型与数值模型的高度一致性。

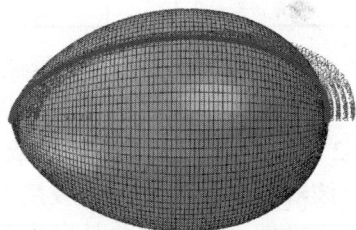

(a)等厚蛋形耐压壳　　　　　　　　　　　　　　(b)变厚蛋形耐压壳

图 4.11　蛋形耐压壳等效应力理论与数值对比图

(2)线弹性屈曲分析。本节主要对 2 种蛋形耐压壳的一阶模态屈曲进行研究。

表 4.3 分别给出了 2 种蛋形耐压壳线性屈曲载荷的理论解与数值解，其中，等厚蛋形耐压壳的屈曲理论解可由式(3-43)得出，变厚蛋形耐压壳的屈曲理论解可由式(3-54)得出。由表 4.3 可知，2 种蛋形耐压壳的屈曲数值解与理论解相接近，其中，等厚蛋形耐压壳的屈曲数值解与理论解差值为 4.14%，变厚蛋形耐压壳的屈曲数值解与理论解差值最大为 4.78%，但差值都在 5%以内，数值结果与理论结果相互佐证，表明 2 种蛋形耐压壳的稳定性分析模型是正确的。此外，等厚蛋形耐压壳屈曲载荷值大于变厚蛋形耐压壳，表明等厚蛋形耐压壳在线弹性阶段承载能力大于变厚蛋形耐压壳。

表 4.3 蛋形耐压壳屈曲载荷数值与理论解

	屈曲数值解/MPa	屈曲理论解/MPa	差值百分比/%
等厚蛋形耐压壳	138.73	133.22	4.14
变厚蛋形耐压壳	119.69	125.68	4.78

2 种蛋形耐压壳的一阶屈曲失稳模式如表 4.4 所示。由表 4.4 可知，等厚蛋形耐压壳呈现波浪式失稳模态，具有 6 个波峰数，且主要失稳区域在中部赤道部位，与 2.2 节真实鹅蛋壳的破坏区域一致；变厚蛋形耐压壳也呈现波浪式失稳模态，具有 5 个波峰数，但其失稳区域接近于尖端附近，这可能一方面由于尖端附近区域第一曲率半径较大，为屈曲易发生部位，另一方面由于中部变厚区范围取得过大，导致尖端附近区域的厚度过小，从而使尖端附近区域承载能力下降，易发生失稳。

表 4.4 蛋形耐压壳屈曲失稳模式

等厚蛋形耐压壳		变厚蛋形耐压壳	
左视图	主视图	左视图	主视图
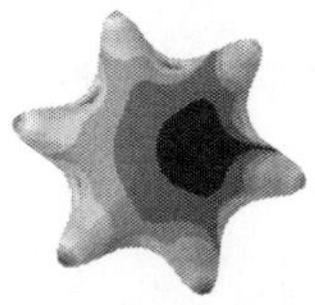	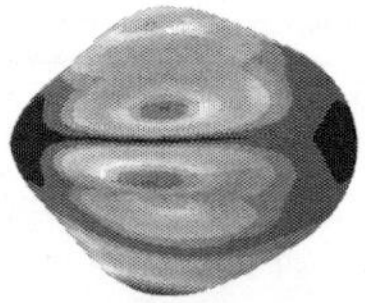	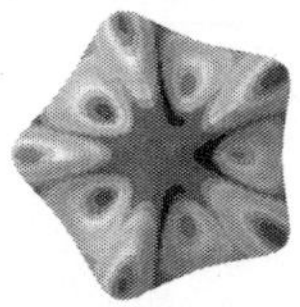	

4.2　蛋形耐压壳弹塑性屈曲特性

耐压壳在实际加工过程中，不可能完美无缺，总会存在制造误差，导致耐压壳存在加工缺陷。因此，耐压壳发生屈曲时，理论值往往与试验值存在差异，故对其结构进行初始缺陷分析并了解初始缺陷对屈曲载荷的影响至关重要[6]。此外，对于深海潜水器，当结构达到承载力极限时，其材料早已进入非线性阶段，故常规的弹性理论就不能解决结构的极限承载力问题[5]，必须对耐压壳结构进行材料非线性分析。本节将考虑材料塑性参数以及引入几何缺陷，分别对 4.1 节设计的 2 种蛋形耐压壳进行弹塑性屈曲特性分析。

1. 数值模型

借助有限元软件 ABAQUS/Standard 分别在 4.1 节 2 种蛋形耐压壳线弹性一阶模态的基础上，进一步地引入塑性参数以及引入几何缺陷。其中，材料非线性参数主要是指钛合金 Ti-6Al-4V 处于塑性阶段的应力与应变关系，相关塑性数据可以从李良碧等关于钛合金 Ti-6Al-4V 力学试验研究中获得，钛合金 Ti-6Al-4V 应力-应变关系如式(4-3)所示。几何缺陷则是通过对蛋形耐压壳引入初始缺陷，对于 2 种蛋形耐压壳都引入相同的初始缺陷，即每种蛋形耐压壳的缺陷幅值(Δ)大小分别为 1mm、2mm、3mm、4mm 以及 5mm，这与 CCS、ENV 等规范中分析一致[7,8]。本节采用 Risk 弧长法对 2 种蛋形耐压壳分别进行非线性屈曲分析，其基本参数设定：初始弧长为 0.1mm；最大弧长为 0.5mm；最小弧长为 1×10^{-30}mm；总弧长为 1mm；最大迭代步数为 200。由于本节在 4.1 节线弹性分析的基础上进行非线性分析，所以载荷、约束等设置条件均与 4.1 节线弹性分析一致。

$$\sigma = \begin{cases} E\varepsilon, & \sigma < \sigma_y \\ \sigma_y \left[\left(\dfrac{E\varepsilon}{\sigma_y} - 1 \right) n \right]^{1/n}, & \sigma \geqslant \sigma_y \end{cases} \tag{4-3}$$

式中，n 为应变硬化系数，取 59.327。

2. 结果分析与讨论

对于 2 种蛋形耐压壳而言，5 种缺陷下的非线性载荷平衡路径与失稳模式基本一致，故对每种蛋形耐压壳分别以缺陷幅值Δ=1mm 为例，对其进行非线性载荷与失稳模式分析。2 种蛋形耐压壳在缺陷幅值Δ=1mm 下的非线性载荷平衡路径如图 4.12 所示，其中，纵坐标为载荷 p，横坐标为蛋形耐压壳产生的最大挠度 U_{max}。由图 4.12 可知，2 种蛋形耐压壳的平衡路径不稳定，均呈现先上升后下降趋势，这种平衡路径是具有正高斯曲线旋转壳所特有的形式，与 Jasion 和 Magnucki[9-11]关于桶形壳的研究结果类似。同时由图 4.12 亦知，等厚蛋形耐压壳与变厚蛋形耐压壳在临界点处的失稳模式分别与各自在线弹性阶段的失稳模式一致，都分别具有波峰数 6 个和 5 个；等厚蛋形耐压壳在平衡路径末端的失稳模式即后屈曲形态主要发生在蛋形耐压壳的中部区域，且呈现局部凹坑形式，而变厚蛋形耐压壳的后屈曲失稳主要在尖端附近呈现局部凹坑失稳形式。

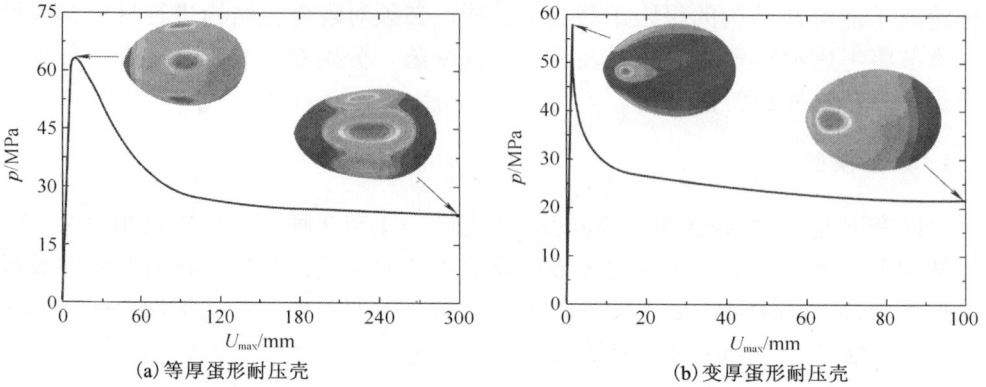

(a) 等厚蛋形耐压壳　　　　　　　　　(b) 变厚蛋形耐压壳

图 4.12　蛋形耐压壳平衡路径及失稳模式

　　2 种蛋形耐压壳的非线性临界屈曲载荷 p_{non} 及其衰减系数 KDF 如表 4.5 所示，其中，衰减系数为每种蛋形耐压壳非线性临界屈曲载荷与其对应的线弹性临界屈曲载荷的比值。由表 4.5 可知，2 种蛋形耐压壳的非线性载荷值都随着缺陷幅值Δ的增加而减小，且同一种缺陷幅值下，等厚蛋形耐压壳的非线性载荷值都大于变厚蛋形耐压壳；2 种蛋形耐压壳的衰减系数 KDF 亦随着缺陷幅值Δ的增加而减小，且 2 种蛋形耐压壳的衰减系数之间有微小差别，只有当缺陷幅值为 1mm 时，等厚蛋形耐压壳的衰减系数小于变厚蛋形耐压壳，其余 4 种缺陷幅值下，等厚蛋形耐压壳的衰减系数均大于变厚蛋形耐压壳，且考虑到上述等厚蛋形耐压壳的非线性载荷值都大于变厚蛋形耐压壳的情况，表明等厚蛋形耐压壳的缺陷敏感度低于变厚蛋形耐压壳，有较好的承载能力。

表 4.5　蛋形耐压壳非线性屈曲载荷 p_{non} 及其衰减系数 KDF

缺陷幅值Δ/mm	等厚蛋形耐压壳		变厚蛋形耐压壳	
	p_{non}/MPa	KDF	p_{non}/MPa	KDF
1	63.33	0.4565	58.06	0.4851
2	60.09	0.4332	50.85	0.4249
3	56.84	0.4097	46.36	0.3874
4	54.46	0.3926	42.68	0.3566
5	52.20	0.3762	39.29	0.3283

4.3　蛋形与球形耐压壳对比分析

　　为了验证蛋形耐压壳的实际应用能力，本节将在同比条件下构建球形耐压壳，对球形耐压壳进行与蛋形耐压壳相同的数值计算，并与蛋形耐压壳进行综合性能对比分析。

1. 球形耐压壳数学模型建立

由于 4.1 节中的蛋形耐压壳采用与直径 2m 的球形耐压壳进行等体积设计，为了在同比条件下与蛋形耐压壳进行对比分析，本节将球形耐压壳的直径设计为 2m。球形耐压壳的厚度设计与蛋形耐压壳相似，需先确定影响其安全性的主要因素，则根据式(3-61)与式(3-62)分别确定球形耐压壳极限强度载荷与厚度的关系、临界屈曲载荷与厚度的关系。

球形耐压壳的极限强度载荷与厚度的关系曲线 p_{s3}-t_3、临界屈曲载荷与厚度的关系曲线 p_{q3}-t_3 如图 4.13 所示。由图 4.13 可知，p_{s3}-t_3 曲线与 p_{q3}-t_3 曲线存在交点，在交点之前，屈曲为影响球形耐压壳安全性的主要因素，则可以通过公式(3-63)对球形耐压壳进行厚度设计；在交点之后，强度为影响球形耐压壳安全性的主要因素，则可以通过式(3-60)对球形耐压壳进行厚度设计。上述设计方法与蛋形耐压壳类似，通过计算出交点值，可确定影响球形耐压壳安全性的主要因素。

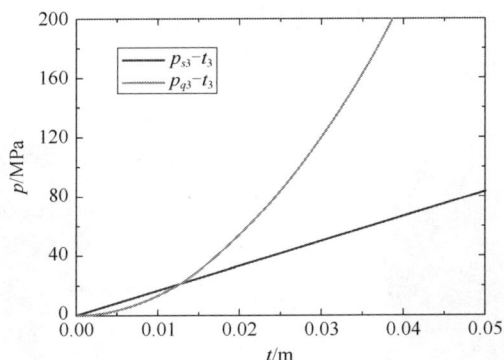

图 4.13　球形耐压壳强度与屈曲载荷对比

将式(3-63)与式(3-60)联立方程组，可以计算出交点处的载荷与厚度分别为 20.7MPa、0.01247m。结合图 4.13 可知，当水深产生的均布外载小于 20.7MPa 时，屈曲是影响球形耐压壳安全性的主要因素，则可以根据式(3-63)对其进行厚度设计；当水深产生的均布外载大于 20.7MPa 时，强度是影响球形耐压壳安全性的主要因素，则可以根据式(3-60)对其进行最大厚度设计。4km 水深下均布外载 p_s 为 65.33MPa，大于交点处的载荷 20.7MPa，所以强度是影响球形耐压壳安全性的主要因素，根据式(3-63)可计算出球形耐压壳的设计厚度为 0.03936m。

2. 线弹性屈曲对比

球形耐压壳线性屈曲分析过程与蛋形耐压壳类似，①通过 Pro/Engineer 软件对球形耐压壳进行三维 CAD 建模。②采用 ANSA 前处理软件对中面模型进行网格划分。球形耐压壳的网格划分形式采用网球画法，如图 4.14 所示，单元类型为线性四边形单元 S4，共有 9534 个单元、9536 个节点。球形耐压壳与蛋形耐压壳一样，采用钛合金为壳体材料，此材料力学性能参数见表 4.1。载荷以均布外载 65.33MPa 的形式施加于球形耐压壳表面。约束采用三点约束法，如图 4.14 所示，从左至右，每个点的约束分别为 $U_y=U_z=0$、$U_x=U_y=0$、$U_y=U_z=0$。本节对球形耐压壳只定义线弹性屈曲一种工况分析。③采用有限元分析软件 ABAQUS/Standard 对其进行数值求解计算。

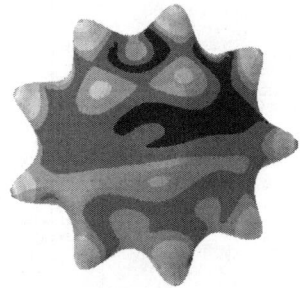

球形耐压壳线弹性屈曲失稳模式如图 4.15 所示。由图 4.15 可知，球形耐压壳呈现波浪式失稳模式，波峰数为 9，与蛋形耐压壳线弹性失稳模式类似。此外，通过数值分析，可得出球形耐压壳在一阶模态下的线弹性临界屈曲载荷值为 204.87MPa，而其临界屈曲载荷理论解根据式(3-62)可求得为 206.28MPa，二者仅相差 0.68%，表明数值解与理论解具有高度一致性。同时，结合表 4.3 分析可知，球形耐压壳的线性屈曲载荷大于蛋形耐压壳，表明球形耐压壳理想模型在线弹性阶段比蛋形耐压壳具有更好的承载能力。

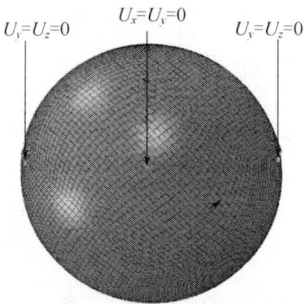

图 4.14　球形耐压壳网格划分形式与边界约束　　图 4.15　球形耐压壳线弹性屈曲失稳模式

3. 弹塑性屈曲对比

对球形耐压壳在一阶模态的基础上进行非线性屈曲分析，其非线性参数的设置与 4.2 节中蛋形耐压壳非线性参数的设置一致，即材料非线性采用钛合金在塑性阶段的应力-应变关系，初始缺陷设置 1mm、2mm、3mm、4mm、5mm 共 5 种缺陷幅值，非线性分析方法采用 Risk 弧长法。最后采用有限元分析软件 ABAQUS/Standard 对球形耐压壳进行非线性屈曲分析。

由于 5 种缺陷幅值下的球形耐压壳非线性屈曲载荷平衡路径与失稳模式类似，故以缺陷幅值 $\Delta=1\text{mm}$ 为例，对球形耐压壳进行非线性分析。缺陷幅值 $\Delta=1\text{mm}$ 下的球形耐压壳非线性载荷平衡路径与失稳模式如图 4.16 所示，其中，纵坐标为载荷，横坐标为壳体最大位移。由图 4.16 可知，球形耐压壳的非线性载荷平衡路径不稳定，呈现先上升后下降的趋势，与蛋形耐压壳非线性屈曲载荷平衡路径趋势一致；球形耐压壳在临界点处的失稳模式为波浪状失稳，与其线弹性失稳模式相同，都具有 9 个波峰数；球形耐压壳的后屈曲失稳则呈现局部凹坑失稳，与蛋形耐压壳失稳形式一致。

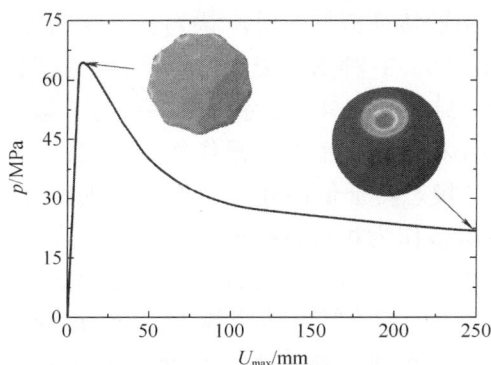

图 4.16　球形耐压壳平衡路径及屈曲模式

5 种缺陷幅值下球形耐压壳的非线性屈曲载荷 p_{non} 及其衰减系数 KDF 如表 4.6 所示，其中，为了与蛋形耐压壳进行对比分析，分别在表中列出球形耐压壳与等厚蛋形耐压壳的衰减系数之比 K_1，以及球形耐压壳与变厚蛋形耐压壳的衰减系数之比 K_2。由表 4.6 可知，球形耐压壳的衰减系数随着缺陷幅值的增加而减小，与蛋形耐压壳类似。表中 K_1 与 K_2 的值都小于 1，其中，K_1 的范围为 0.69～0.73，K_2 的范围为 0.65～0.83，二者中最大值仅为 0.83，最小值为 0.65，表明在同一缺陷幅值下，球形耐压壳的缺陷敏感度高于 2 种蛋形耐压壳，由此可见，蛋形耐压壳缺陷敏感度低，比球形耐压壳具有更好的实际承载能力。

表 4.6　球形耐压壳与蛋形耐压壳非线性载荷对比

缺陷幅值 Δ/mm	p_{non} /MPa	KDF	K_1	K_2
1	64.55	0.3151	0.69	0.65
2	62.30	0.3041	0.70	0.72
3	59.51	0.2905	0.71	0.75
4	58.41	0.2851	0.73	0.80
5	56.11	0.2739	0.73	0.83

4. 多模态屈曲对比

缺陷是影响薄壳回转体结构稳定性的主要因素，会直接导致结构本身强度的下降，而几何缺陷是影响薄壳结构最常见的一种缺陷类型，且对于拥有相近特征值越多的结构来讲，其对于几何缺陷的敏感性就越高，即只要具有微小的结构缺陷，其承载能力将会大幅度下降，故对结构进行相近特征值分析对其整体结构的稳定性具有重要意义[12,13]。本节将对等厚蛋形耐压壳、变厚蛋形耐压壳以及球形耐压壳进行多模态屈曲研究，从各自的相近特征值中分析其缺陷敏感度。

对 3 种耐压壳进行相近特征值分析时，认为在一定的容差范围内，相近特征值越多的结构对缺陷就越敏感。3 种耐压壳模态特征值的获取方法与其各自对应的线弹性屈曲载荷分析一致，结果如表 4.7 所示。表中列出了每种耐压壳前 13 阶模态特征值，本节对每种耐压壳相近特征值的计算作如下规定：以各自一阶模态特征值为基准，容差的大小为一阶模态特征值的 0.5%，则后面的特征值与一阶模态特征值之差在容差范围内的所有阶数作为相近特征值的个数。由表 4.7 可知，等厚蛋形耐压壳的容差为 0.0106，在容差范围内的相近特征值个数为 2 阶；变厚蛋形耐压壳的容差为 0.0092，在容差范围内的相近特征值个数为 2 阶；球形耐压壳的容差为 0.0157，在容差范围内的相近特征值个数达到 12 阶，由此表明球形耐压壳相近特征值多，是一种缺陷高度敏感结构。

表 4.7　3 种耐压壳前 13 阶模态屈曲特征值

模态阶数	等厚蛋形耐压壳	变厚蛋形耐压壳	球形耐压壳
1	2.1236	1.8321	3.1359
2	2.1236	1.8321	3.1363
3	2.1624	1.8602	3.1366
4	2.1624	1.8602	3.1369
5	2.2716	1.9509	3.1372
6	2.2716	1.9510	3.1375
7	2.4993	2.1437	3.1455
8	2.4993	2.1437	3.1456
9	2.5557	2.2454	3.1459
10	2.5557	2.2454	3.1459
11	2.6476	2.2531	3.1460
12	2.6476	2.2531	3.1505
13	2.7584	2.3801	3.1550

5. 综合性能对比

对等厚蛋形耐压壳、变厚蛋形耐压壳以及球形耐压壳分别从强度稳定性、浮力系数、空间利用率、人机环特性、水动力学特性 5 个方面来进行综合评价。

1）强度稳定性

等厚蛋形耐压壳、变厚蛋形耐压壳以及球形耐压壳都是按照最大等效应力等于钛合金屈服应力来进行厚度设计的，故可认为 3 种耐压壳都具有相同的强度。由上述线弹性屈曲对比可知，球形耐压壳一阶线弹性屈曲载荷大于等厚与变厚蛋形耐压壳，从理论上来讲，球形耐压壳的稳定性比蛋形耐压壳好，具有较大的载荷承载能力，但从多模态屈曲对比分析可知，球形耐压壳的相近特征模态值为 12，而等厚蛋形耐压壳与变厚蛋形耐压壳的相近特征模态值仅为 2，表明球形耐压壳属于缺陷敏感结构，其极易发生多模态屈曲失稳。而且从弹塑性屈曲对比中可以看出，球形耐压壳的衰减系数仅为蛋形耐压壳衰减系数的 0.65～0.83，更加表明球形耐压壳是一种对缺陷相当敏感的结构，其缺陷敏感度大于蛋形耐压壳，当存在微小缺陷时，球形耐压壳的承载能力将大幅度下降。此外，球形耐压壳在实际过程中，发生失稳时的压力远小于其理论计算值，仅为理论值的 1/5～1/3[14]，所以蛋形耐压壳将比球形耐压壳具有更好的实际承载能力。

2）浮力系数

等厚蛋形耐压壳、变厚蛋形耐压壳以及球形耐压壳的浮力系数可分别根据式（3-44）、式（3-58）、式（3-66）进行计算，各自浮力系数分别为 0.629、0.541、0.531，由此可知，等厚蛋形耐压壳浮力系数最大，球形耐压壳浮力系数最小，变厚蛋形耐压壳则接近于球形耐压壳，若变厚蛋形耐压壳进一步扩大中部变厚区或者改变其蛋形系数，则变厚蛋形耐压壳的浮力系数会进一步接近甚至低于球形耐压壳。

3）空间利用率

上述所设计的蛋形耐压壳与球形耐压壳中面轮廓如图 4.17 所示，其中，等厚蛋形耐压壳与变厚蛋形耐压壳具有相同的轮廓。由图 4.17 可知，蛋形耐压壳比球形耐压壳在轴向上的利用率更高，经过计算可得出蛋形耐压壳在整个区间上的平均第一曲率半径 $\overline{R_1}$ 为 1.39m，纵向截面积 S_1 为 3.46m^2；而球形耐压壳平均半径 $R_{球}$ 为 1m，截面面积 $S_{球}$ 为 3.14m^2，可得 $\overline{R_1} / R_{球}$=1.39，$S_1 / S_{球}$=1.10，由此可知蛋形耐压壳在轴向上的经线过渡更为平缓，比球形耐压壳具有更好的空间利用率。

4）人机环特性

如图 4.17 所示，蛋类结构具有良好的美学特性、跨距厚度比[15]，且沿着长轴方向的纵向截面面积比球形耐压壳大，故蛋形仿生壳更适于设备布置与人员生存，人机环特性相比球形耐压壳更好。

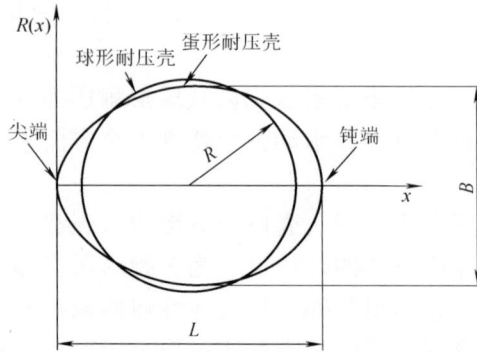

图 4.17　蛋形耐压壳与球形耐压壳轮廓图

5）水动力学特性

图 4.17 蛋形耐压壳的最大横截面积为 2.45m²，球形耐压壳的最大横截面积为 3.14m²，且蛋形耐压壳的轴向长度大于球形耐压壳，则蛋形耐压壳沿着长轴方向的轮廓曲线更尖扁，具有更完美的流线型，故蛋形耐压壳的水动力学特性比球形耐压壳好。

综上所述，蛋形耐压壳比球形耐压壳具有更好的综合性能，且蛋形耐压壳两端所受应力较低，便于开孔、开窗处理，应用前景广阔。

4.4　几何参数影响规律

蛋形耐压壳自身结构的变化会影响其承载能力，而壁厚与形状是影响其结构的主要因素，故对蛋形耐压壳分别进行壁厚与形状的影响因素分析，对掌握蛋形耐压壳在不同结构下的屈曲特性具有重要意义。

4.4.1　壁厚影响分析

随着工作水深的增加，根据式(4-1)就会发现，相应水深下的均布外载 p_s 会随之增加，则蛋形耐压壳在满足安全性的前提下，其设计厚度就会相应地增加，结合式(3-37)不难发现，工作水深与蛋形耐压壳的厚度其实呈正比关系，因此，本小节主要对一定范围工作水深进行考虑，通过设置蛋形耐压壳不同的壁厚，研究不同壁厚下蛋形耐压壳屈曲特性。

1. 蛋形耐压壳数值模型

本节蛋形耐压壳中面轮廓数学模型与 4.1 节中蛋形耐压壳一致，即长轴 L 为 2.561m，短轴 B 为 1.767m，轮廓方程采用 N-R 方程，具体形式见式(4-2)。此外，本节只考虑蛋形耐压壳为等厚结构的情况，即对蛋形耐压壳进行厚度设计时只进行等厚设计。同时，考虑到蛋形耐压壳为薄壳结构，将等厚蛋形耐压壳的厚度范围设定为 10～75mm，间隔为 5mm，共取 14 种厚度设计值。

采用有限元分析软件 ABAQUS/Standard 对 4.1 节中蛋形耐压壳的数值模型分别进行以上 14 种厚度的赋值，并进行等厚蛋形耐压壳线弹性与弹塑性屈曲分析。其中，载荷以均布外载的形式施加于每个蛋形耐压壳表面，大小取 1MPa。网格形式、约束条件、材料力学参数、屈曲分析方法等均与 4.1 节与 4.2 节中设置的类似。由于本节主要考虑壁厚的影响，所以对 14 种蛋形耐压壳只引入一种几何缺陷，其缺陷幅值大小为 5mm。此外，本节将参照欧标规范 ENV[8]对蛋形耐压壳分别进行以下 4 种分析：理想蛋形耐压壳线弹性屈曲分析、理想蛋形耐压壳弹塑性屈曲分析、缺陷蛋形耐压壳线弹性屈曲分析、缺陷蛋形耐压壳弹塑性屈曲分析。

2. 结果分析与讨论

1) 理想蛋形耐压壳线弹性屈曲分析

14 种理想蛋形耐压壳线弹性屈曲载荷数值解 $p_{\text{elastic}}^{\text{perfect}}$ 与理论解 p_{theory} 如表 4.8 所示，其中，14 种理想蛋形耐压壳的理论解可以根据式(3-40)进行计算。由表 4.8 可知，随着厚度的增加，蛋形耐压壳的线弹性屈曲载荷数值解与理论解都逐渐增大；在各自厚度下，蛋形耐压壳的线弹性屈曲载荷数值解与理论解都比较接近，其差值范围为 2.38%～6.70%，且随着厚度的增大，差值近似呈现上升趋势，表明 Mushtari 屈曲公式仅适用于小厚度薄壳，对大厚度薄壳具有局限性。

表 4.8　理想蛋形耐压壳线弹性屈曲载荷数值与理论解

t/mm	$p_{\text{elastic}}^{\text{perfect}}$ /MPa	p_{theory} /MPa	差值%	t/mm	$p_{\text{elastic}}^{\text{perfect}}$ /MPa	p_{theory} /MPa	差值%
10	6.65	6.49	2.38	45	137.15	131.46	4.15
15	14.97	14.61	2.43	50	170.33	162.30	4.72
20	26.65	25.97	2.56	55	205.04	196.38	4.22
25	41.9	40.57	3.16	60	244.78	233.71	4.52
30	60.4	58.43	3.27	65	287.69	274.28	4.66
35	82.46	79.53	3.56	70	336.19	318.1	5.38
40	107.49	103.87	3.37	75	391.41	365.17	6.70

14 种厚度下蛋形耐压壳的一阶线性屈曲失稳模式及失稳波峰数如表 4.9 所示。由表 4.9 可知，所有厚度下等厚蛋形耐压壳发生失稳的部位都在中部赤道区域，呈现波浪形失稳模式；等厚蛋形耐压壳的失稳波峰数与厚度有关，厚度越小，失稳波数越多；厚度越大，失稳波数越少，且存在厚度相邻时失稳波峰数相同的情况。

表 4.9　理想蛋形耐压壳线弹性屈曲失稳模式与失稳波峰数

t/mm	波峰数 n	失稳模态	t/mm	波峰数 n	失稳模态
10	11		45	6	
15	9	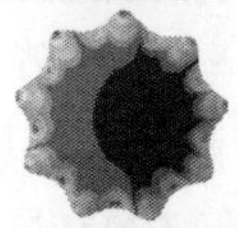	50	5	
20	8		55	5	
25	7	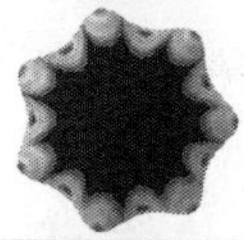	60	5	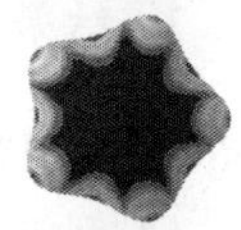
30	7		65	5	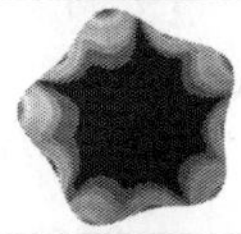
35	6	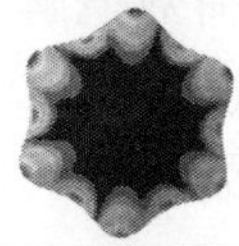	70	5	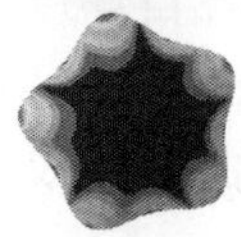
40	6	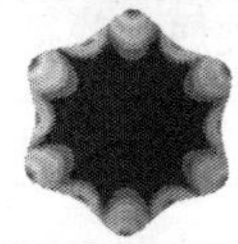	75	5	

2）理想蛋形耐压壳弹塑性分析

本节将对 14 种理想蛋形耐压壳考虑材料非线性，即引入钛合金塑性参数，但不考虑几何缺陷，在材料弹塑性范围内使用 Risk 弧长法对理想蛋形耐压壳进行屈曲分析。

由于 14 种理想蛋形耐压壳平衡路径与失稳模式的分析结果相同，故以厚度 t =40mm 的理想蛋形耐压壳为例，对其进行弹塑性屈曲载荷与失稳模式分析。理想蛋形耐压壳（t =40mm）的弹塑性屈曲平衡路径与失稳模式如图 4.18 所示，其中，失稳模式包括临界失稳与后屈曲失稳。由图 4.18 可知，理想蛋形耐压壳平衡路径呈现先上升后平稳趋势，路径不稳定；在临界点处，理想蛋形耐压壳的失稳主要发生在中部赤道区域，与后屈曲失稳模式相同。

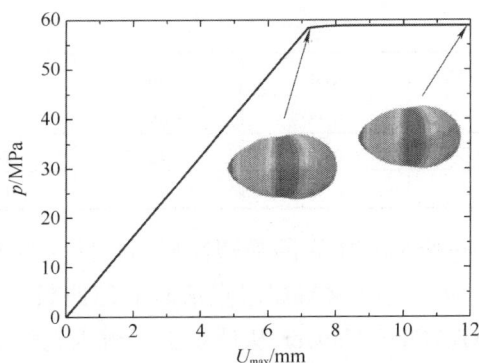

图 4.18　理想蛋形耐压壳平衡路径与失稳模式（t=40mm）

14 种理想蛋形耐压壳的弹塑性临界屈曲载荷 $p_{\text{elastic-plastic}}^{\text{perfect}}$ 以及衰减系数 KDF 如表 4.10 所示，其中，衰减系数 KDF 为理想蛋形耐压壳弹塑性临界屈曲载荷 $p_{\text{elastic-plastic}}^{\text{perfect}}$ 与理想蛋形耐压壳线弹性屈曲载荷 $p_{\text{elastic}}^{\text{perfect}}$ 的比值。由表 4.10 可知，随着壁厚的增加，理想蛋形耐压壳弹塑性临界屈曲载荷将随之上升。此外，由表中衰减系数可知，当厚度在 20mm 范围内时，衰减系数大于 1，即理想蛋形耐压壳弹塑性临界屈曲载荷大于其对应的线弹性屈曲载荷；当厚度超过 20mm 时，衰减系数小于 1，即理想蛋形耐压壳弹塑性临界屈曲载荷小于其对应的线弹性屈曲载荷，表明厚度在 20mm 范围内，理想蛋形耐压壳将发生线弹性屈曲，厚度超过 20mm 时，理想蛋形耐压壳将发生弹塑性屈曲。关于这一点，可以从图 4.5 得出相同的结论，图 4.5 中的等厚蛋形耐压壳强度曲线与屈曲曲线存在交点，并由 4.1 节可知交点处的厚度值为 22.23mm，所以当以厚度为考察量时，交点之前，屈曲将会首先发生，而强度还未达到，表明等厚蛋形耐压壳在这一阶段将会发生线弹性屈曲；交点之后，强度将会首先达到，而屈曲还未达到，表明等厚蛋形耐压壳在这一阶段将会发生弹性极限之外的屈曲即弹塑性屈曲，理论与数值相互佐证，证明了数值模型稳定性分析的可靠性。此外，由表中衰减系数可知，当壁厚超过 20mm 时，随着壁厚的增加，理想蛋形耐压壳弹塑性临界屈曲载荷与其线弹性临界屈曲载荷的比值越来越小，表明厚度的增加会加快理想蛋形耐压壳弹塑性临界屈曲载荷的衰减。

表 4.10　理想蛋形耐压壳的弹塑性临界屈曲载荷与衰减系数

t/mm	$p_{\text{elastic-plastic}}^{\text{perfect}}$ /MPa	KDF	t/mm	$p_{\text{elastic-plastic}}^{\text{perfect}}$ /MPa	KDF
10	7.77	1.17	30	44.08	0.73
15	21.93	1.47	35	51.74	0.63
20	29.27	1.10	40	58.96	0.55
25	36.64	0.87	45	66.66	0.49

t/mm	$p_{\text{elastic-plastic}}^{\text{perfect}}$ /MPa	KDF	t/mm	$p_{\text{elastic-plastic}}^{\text{perfect}}$ /MPa	KDF
50	73.99	0.43	65	98.99	0.34
55	81.59	0.40	70	103.99	0.31
60	90.63	0.36	75	113.11	0.29

为了进一步研究理想蛋形耐压壳的弹塑性屈曲特性，引入屈服载荷。屈服载荷为蛋形耐压壳最大等效应力达到材料屈服点值时的屈曲载荷，用符号 $p_{\text{yield}}^{\text{perfect}}$ 表示。屈服点载荷可以通过 ABAQUS/Viewer 从理想蛋形耐压壳弹塑性屈曲载荷平衡路径直接读取。

14 种理想蛋形耐压壳的屈服点载荷 $p_{\text{fyd}}^{\text{perfect}}$ 及其与对应弹塑性屈曲载荷 $p_{\text{elastic-plastic}}^{\text{perfect}}$ 的比值如表 4.11 所示，其中，厚度为 10mm、15mm、20mm 的理想蛋形耐压壳无屈服点载荷，主要因为这 3 种厚度下的理想蛋形耐压壳发生弹性屈曲，其最大等效应力值还未达到材料屈服应力。由表 4.11 可知，当壁厚超过 20mm 时，随着壁厚的增加，理想蛋形耐压壳的屈服点载荷值将会增大。在此范围内，理想蛋形耐压壳的屈服点载荷与其对应的弹塑性屈曲载荷的比值小于 1，表明理想蛋形耐压壳在此厚度范围内发生塑性屈曲。以上分析结果与由表 4.10 得出的结论一致。

表 4.11　理想蛋形耐压壳的屈服点载荷及相关比值

t/mm	$p_{\text{fyd}}^{\text{perfect}}$ /MPa	$p_{\text{yield}}^{\text{perfect}}$ / $p_{\text{elastic-plastic}}^{\text{perfect}}$	t/mm	$p_{\text{fyd}}^{\text{perfect}}$ /MPa	$p_{\text{yield}}^{\text{perfect}}$ / $p_{\text{elastic-plastic}}^{\text{perfect}}$
10	N/A	N/A	45	72.72	0.983
15	N/A	N/A	50	79.85	0.979
20	N/A	N/A	55	87.04	0.960
25	36.47	0.995	60	94.31	0.953
30	43.81	0.994	65	101.42	0.975
35	51.08	0.988	70	108.53	0.970
40	65.35	0.980	75	115.75	0.936

3) 缺陷蛋形耐压壳线弹性屈曲分析

对 14 种蛋形耐压壳引入初始缺陷即 $\Delta=5$mm，但不考虑材料非线性，即在材料弹性范围内使用 Risk 弧长法对缺陷蛋形耐压壳进行分析。

14 种缺陷蛋形耐压壳线弹性屈曲载荷 $p_{\text{elastic}}^{\text{imperfect}}$ 与衰减系数 KDF 如表 4.12 所示，其中，衰减系数 KDF 为缺陷蛋形耐压壳线弹性屈曲载荷 $p_{\text{elastic}}^{\text{imperfect}}$ 与其对应的理想蛋形耐压壳线弹性临界屈曲载荷 $p_{\text{elastic}}^{\text{perfect}}$ 的比值。由表 4.12 可知，随着壁厚的增加，缺陷蛋形耐压壳线弹性屈曲载荷会随之增大；且由表中衰减系数可知，随着壁厚的增加，缺陷蛋形耐压壳的衰减系数逐渐增大，同时缺陷蛋形耐压壳线弹性屈曲载荷相比各自对应的理想蛋形耐压壳线弹性屈曲载荷来说，衰减得越来越缓慢，表明随着壁厚的增加，缺陷对蛋形耐压壳线弹性屈曲载荷的影响会越来越小。

表 4.12 缺陷蛋形耐压壳线弹性屈曲载荷与衰减系数

t/mm	$p_{\text{elastic}}^{\text{imperfect}}$ /MPa	KDF	t/mm	$p_{\text{elastic}}^{\text{imperfect}}$ /MPa	KDF
10	2.7	0.41	45	100.36	0.73
15	7.53	0.50	50	131.05	0.77
20	15.42	0.58	55	160.91	0.78
25	26.38	0.63	60	193.73	0.79
30	40.3	0.67	65	232.42	0.81
35	56.59	0.69	70	277.72	0.83
40	76.16	0.71	75	329.44	0.84

4) 缺陷蛋形耐压壳弹塑性屈曲分析

在缺陷蛋形耐压壳线弹性分析的基础上对其考虑材料非线性，即引入钛合金塑性参数，并对缺陷蛋形耐压壳进行弹塑性屈曲分析。

由于 14 种缺陷蛋形耐压壳的平衡路径与失稳模式分析结果相同，故以厚度 t=40mm 的缺陷蛋形耐压壳为例，对其进行弹塑性屈曲载荷与失稳模式分析。缺陷蛋形耐压壳(t=40mm)的弹塑性屈曲平衡路径与失稳模式如图 4.19 所示。由图 4.19 可知，缺陷蛋形耐压壳平衡路径呈现先上升后下降趋势，路径不稳定；在临界点处，缺陷蛋形耐压壳的失稳主要发生在中部赤道区域，且呈现波浪式失稳，具有 6 个波峰数，与其对应的理想蛋形耐压壳线弹性屈曲失稳模式一致；缺陷蛋形耐压壳的后屈曲失稳主要发生在中部赤道区域，呈现局部凹坑形式，与第 5 章蛋形耐压壳的试验结果一致。

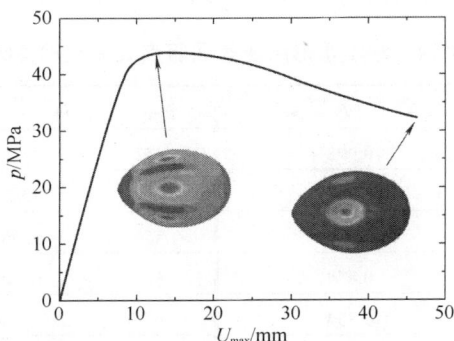

图 4.19 缺陷蛋形耐压壳平衡路径与失稳模式(t=40mm)

14 种缺陷蛋形耐压壳的弹塑性屈曲载荷 $p_{\text{elastic-plastic}}^{\text{imperfect}}$ 与衰减系数 KDF 如表 4.13 所示，其中，衰减系数 KDF 为缺陷蛋形耐压壳的弹塑性屈曲载荷 $p_{\text{elastic-plastic}}^{\text{imperfect}}$ 与理想蛋形耐压壳线弹性屈曲载荷 $p_{\text{elastic}}^{\text{perfect}}$ 的比值。由表 4.13 可知，随着壁厚的增加，缺陷蛋形耐压壳的弹塑性屈曲载荷逐渐增大。此外，由表中衰减系数可知，当壁厚在 20mm 范围内时，随着壁厚的增加，缺陷蛋形耐压壳的衰减系数逐渐上升；当壁厚超过 20mm 时，随着壁厚的增加，缺陷蛋形耐压壳的衰减系数逐渐下降。以上分析表明，当壁厚在 20mm 范围内时，缺陷蛋形耐压壳承载能力的衰减随着壁厚的增加而减缓，反之，则随着壁厚的增加而加剧。

表 4.13　缺陷蛋形耐压壳的弹塑性屈曲载荷与衰减系数

t/mm	$p_{\text{elastic-plastic}}^{\text{imperfect}}$ /MPa	KDF	t/mm	$p_{\text{elastic-plastic}}^{\text{imperfect}}$ /MPa	KDF
10	2.68	0.4	45	51.67	0.38
15	7.12	0.48	50	64.01	0.38
20	13.30	0.50	55	71.81	0.35
25	20.68	0.49	60	79.25	0.32
30	27.96	0.46	65	87.03	0.30
35	36.35	0.44	70	95.12	0.28
40	43.83	0.41	75	103.31	0.26

与理想蛋形耐压壳弹塑性分析类似，为了进一步研究缺陷蛋形耐压壳的弹塑性屈曲特性，引入屈服点载荷，用符号 $p_{\text{fyd}}^{\text{imperfect}}$ 表示。14 种缺陷蛋形耐压的屈服点载荷 $p_{\text{fyd}}^{\text{imperfect}}$ 及其与对应的弹塑性屈曲载荷 $p_{\text{elastic-plastic}}^{\text{imperfect}}$ 的比值如表 4.14 所示。由表 4.14 可知，随着壁厚的增加，缺陷蛋形耐压壳的屈服点载荷也随之增加，同时，屈服点载荷与弹塑性屈曲载荷的比值随之呈现近似先下降后平稳的趋势，但比值都小于 1，表明缺陷蛋形耐压壳进行弹塑性分析时，将会在整个壁厚范围内发生弹塑性屈曲。

表 4.14　缺陷蛋形耐压壳屈服点载荷及相关比值

t/mm	$p_{\text{fyd}}^{\text{imperfect}}$ /MPa	$p_{\text{fyd}}^{\text{imperfect}}$ / $p_{\text{elastic-plastic}}^{\text{imperfect}}$	t/mm	$p_{\text{fyd}}^{\text{imperfect}}$ /MPa	$p_{\text{fyd}}^{\text{imperfect}}$ / $p_{\text{elastic plastic}}^{\text{imperfect}}$
10	2.68	0.998	45	42.33	0.819
15	6.67	0.937	50	53.30	0.833
20	11.98	0.901	55	59.46	0.828
25	18.08	0.874	60	65.49	0.827
30	23.87	0.854	65	71.44	0.821
35	30.79	0.847	70	78.71	0.828
40	36.38	0.830	75	85.31	0.826

5）与球形耐压壳对比分析

为了研究不同壁厚下蛋形耐压壳的实际应用性能，本节以厚度 t=10mm、40mm、75mm 蛋形耐压壳为参比对象，分别在等体积与等质量原则下，设计出对应厚度下的球形耐压壳，经过计算可得出等体积下的球形耐压壳半径为 1m，等质量下的球形耐压壳半径为 1.0004m。考虑到耐压壳实际工况，其在加工制造过程中必然会存在缺陷，且同时材料存在非线性，所以对等体积与等质量下的球形耐压壳数值模型只进行理想球壳线弹性屈曲与缺陷球壳弹塑性屈曲两种分析，相关条件设置与蛋形耐压壳一致，且赋予 5mm 缺陷幅值。

3 种厚度下等质量与等体积球形耐压壳的线弹性屈曲 $p_{\text{elastic}}^{\text{perfect}}$、弹塑性屈曲 $p_{\text{elastic-plastic}}^{\text{imperfect}}$、屈服载荷 $p_{\text{fyd}}^{\text{imperfect}}$ 以及衰减系数 KDF 如表 4.15 所示，其中，衰减系数 KDF 为弹塑性屈曲 $p_{\text{elastic-plastic}}^{\text{imperfect}}$ 与线弹性屈曲 $p_{\text{elastic}}^{\text{perfect}}$ 的比值。由表 4.15 可知，随着壁厚的增加，等体积与等质量下的球形耐压壳线弹性与弹塑性屈曲载荷都随之增大；等体积与等质量下的球形耐压壳屈服载荷也随着壁厚的增加而增大，但值都小于所对应的弹塑性屈曲载荷，表明球形耐压壳在 3 种壁厚下都发生弹塑性屈曲；此外，由表中衰减系数可知，随着壁厚的增加，球形耐压壳的弹塑性屈曲载荷衰减得将会越来越快，结合表 4.13 可知，相同壁厚下的球形耐压壳比蛋形耐压壳的衰减系数小，表明球形耐压壳在具有缺陷时的承载能力将会衰减得较快，不如蛋形耐压壳，此外，一般认为，球形耐压壳适合用于深海领域的探索，但从上述分析可知，随着壁厚的增加，蛋形耐压壳将会比球形耐压壳具有更好的实际承载能力，故蛋形耐压壳更加适用于深海领域的探索，为深海潜水器耐压壳的设计提供了一种新思路。

表 4.15　球形耐压壳屈曲与屈服载荷及相关比值

t/mm	等体积球形耐压壳/MPa			等质量球形耐压壳/MPa		
	$p_{\text{elastic}}^{\text{perfect}}$	$p_{\text{elastic-plastic}}^{\text{imperfect}}$ /KDF	$p_{\text{fyd}}^{\text{imperfect}}$	$p_{\text{elastic}}^{\text{perfect}}$	$p_{\text{elastic-plastic}}^{\text{imperfect}}$ /KDF	$p_{\text{fyd}}^{\text{imperfect}}$
10	13.68	4.51(0.33)	4.34	13.67	4.89(0.36)	4.88
40	211.62	59.11(0.28)	47.41	211.45	55.96(0.26)	43.61
75	733.71	123.49(0.17)	108.25	733.12	123.96(0.17)	108.354

4.4.2　形状影响分析

本节将研究影响蛋形耐压壳屈曲特性的另一重要参数——形状，而形状主要通过蛋形系数来表达，且从式(3-35)不难看出，决定 N-R 方程所描绘出的蛋形轮廓就是蛋形系数，即形状影响蛋形耐压壳的基本结构，故本节将对不同形状下的蛋形耐压壳进行屈曲特性分析[16]。

1. 蛋形耐压壳数学模型

考虑到第 2 章蛋壳生物几何特性中，鹅蛋的蛋形系数近似呈现正态分布，且蛋形系数集中于 0.65～0.72，故以蛋壳生物学特性为基础，将蛋形系数设置为 0.65、0.66、0.67、0.68、0.69、0.7、0.71、0.72，此外，为了对 N-R 方程表述的蛋形轮廓函数有一个更广泛的了解，将蛋形系数进一步扩大，增加的蛋形系数为 0.4、0.5、0.6、0.8、0.9、1，因此，本节将对蛋形耐压壳考虑 14 种形状。同时，为了确保 14 种蛋形耐压壳能够进行同比条件下的对比分析，本节将按照等体积等质量的原则对 14 种不同蛋形系数下的蛋形耐压壳进行等厚设计。

蛋形耐压壳的体积 V 采用 Mohsein 公式 $V = LB^2\pi/6$ 进行计算，由于所设计的蛋形耐压壳均为薄壳结构，其薄壁体积可以近似为中面表面积与厚度的乘积，则其质量可以表示为薄壁体积与材料密度的乘积。因此，蛋形耐压壳的质量计算公式为

$$m = St\rho \tag{4-4}$$

式中，S 为蛋形耐压壳中面面积，采用修正后的 Mohsein 公式 $S = 1.02\pi\left(LB^2\right)^{2/3}$ 进行计算；t 为蛋形耐压壳厚度；ρ 为材料密度。将 Mohsein 面积公式代入式(4-4)中，可得蛋形耐压壳质量计算公式表达如下：

$$m = 1.02\pi t\rho\left(LB^2\right)^{2/3} \tag{4-5}$$

由 Mohsein 体积公式与质量计算公式(4-5)可知，二者中都含有共同因数 LB^2，由于蛋形耐压壳按照等体积进行设计，则由 Mohsein 体积公式易知 LB^2 为定值，与蛋形系数无关，此外，蛋形耐压壳同时符合等质量设计，则由 Mohsein 面积公式易知，只需保证所有蛋形耐压壳的厚度一致即可。因此，根据 Mohsein 体积公式 $(V = LB^2\pi/6)$ 与蛋形系数计算公式 $(\mathrm{SI} = B/L)$ 可以得出等体积等质量原则下的蛋形耐压壳长轴 L 与短轴 B 的计算公式，如下所示：

$$m = 1.02\pi t\rho(LB^2)^{2/3} \tag{4-6}$$

$$B = \sqrt[3]{\frac{6V\mathrm{SI}}{\pi}} \tag{4-7}$$

由于采用等体积与等质量原则对蛋形耐压壳进行设计，不妨假设蛋形耐压壳体积 V 为 3.1809m³，厚度 t 为 15mm，并对 14 种蛋形系数下的蛋形耐压壳分别采用上述(4-6)与式(4-7)进行长轴 L 与短轴 B 的计算。14 种蛋形耐压壳的轮廓以及长轴与短轴值如图 4.20 所示。由图 4.20 可知，在等体积等质量原则下，蛋形系数越小，蛋形耐压壳轮廓越扁；反之，则蛋形耐压壳轮廓越鼓，且趋近于球形耐压壳。

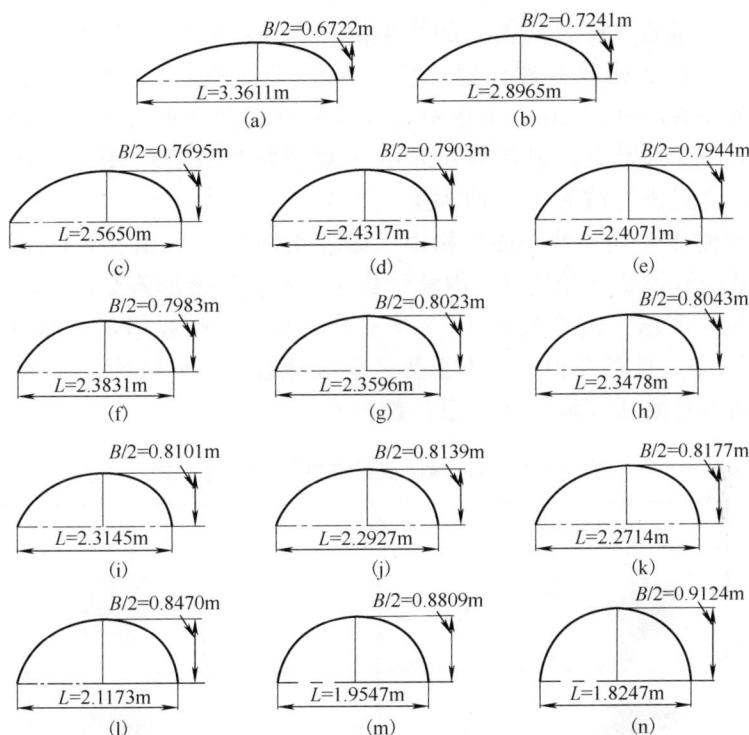

$B/2=0.6722m$　　$L=3.3611m$　(a)

$B/2=0.7241m$　　$L=2.8965m$　(b)

$B/2=0.7695m$　　$L=2.5650m$　(c)

$B/2=0.7903m$　　$L=2.4317m$　(d)

$B/2=0.7944m$　　$L=2.4071m$　(e)

$B/2=0.7983m$　　$L=2.3831m$　(f)

$B/2=0.8023m$　　$L=2.3596m$　(g)

$B/2=0.8043m$　　$L=2.3478m$　(h)

$B/2=0.8101m$　　$L=2.3145m$　(i)

$B/2=0.8139m$　　$L=2.2927m$　(j)

$B/2=0.8177m$　　$L=2.2714m$　(k)

$B/2=0.8470m$　　$L=2.1173m$　(l)

$B/2=0.8809m$　　$L=1.9547m$　(m)

$B/2=0.9124m$　　$L=1.8247m$　(n)

图 4.20　14 种蛋形耐压壳轮廓曲线及尺寸参数

2. 理想蛋形耐压壳线弹性屈曲分析

分别对上述 14 种蛋形耐压壳进行数值建模，其网格划分形式、单元类型、节点与单元数、材料力学参数、约束形式以及分析方法均与 4.1 节蛋形耐压壳线设置一致，本节不再赘述。此外，载荷以均布外载 1MPa 的形式施加在每个蛋形耐压壳的表面。

14 种蛋形耐压壳线弹性屈曲载荷的数值解与理论解如图 4.21 所示，其中，蛋形耐压壳线弹性屈曲载荷理论解可以根据式(3-40)进行计算。由图 4.21 可知，随着蛋形系数的增加，蛋形耐压壳的线弹性屈曲载荷数值解与理论解都不断增大，二者趋势相同，但线弹性屈曲理论解低于数值解，表明

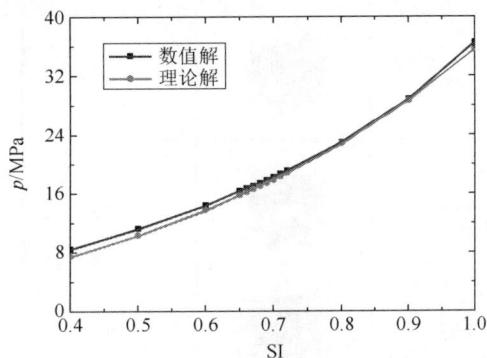

图 4.21　蛋形耐压壳线弹性屈曲载荷数值与理论解对比

Mushtari 线弹性屈曲理论公式得出的结果偏于保守；此外，随着蛋形系数的增加，蛋形耐压壳线弹性屈曲载荷理论解与数值解之间的差值会先变小后变大，其中，当蛋形系数为 0.65～0.72 时，蛋形耐压壳线弹性屈曲载荷理论解与数值解的最大差值为 3.5%，差值很小，表明基于蛋壳生物学特性设计的蛋形耐压壳可以应用 Mushtari 理论公式进行线弹性屈曲求解。

　　14 种蛋形耐压壳线弹性屈曲失稳模式如表 4.16 所示。由表 4.16 可知，14 种蛋形耐压壳都呈现波浪状失稳模式，但波峰数不尽相同，蛋形系数越小，波峰数越少，如 SI=0.4 的蛋形耐压壳波峰数为 5，蛋形系数越大，波峰数越多，如 SI=1 的蛋形耐压壳波峰数为 12，且存在相邻蛋形系数之间波峰数相同的情况，如 SI 属于 0.65～0.72 范围内的蛋形耐压壳波峰数一致，都为 9。

表 4.16　蛋形耐压壳线弹性屈曲失稳模式

SI	失稳模式	波峰数 n	SI	失稳模式	波峰数 n
0.4		5	0.69		9
0.5		7	0.7		9
0.6		8	0.71		9
0.65		9	0.72		9
0.66		9	0.8		10
0.67		9	0.9		11
0.68		9	1		12

3. 缺陷蛋形耐压壳弹塑性分析

本节在理想蛋形耐压壳线弹性分析的基础上分别引入材料非线性与几何缺陷，其中，材料非线性考虑钛合金塑性阶段参数，几何缺陷则对 14 种蛋形耐压壳分别引入初始缺陷，考虑到壁厚较薄，所以缺陷幅值统一设定为 3mm，并采用 Risk 弧长法对 14 种缺陷蛋形耐压壳进行弹塑性屈曲分析。

由于 14 种缺陷蛋形耐压壳的平衡路径与失稳模式都类似，故以蛋形系数 SI=0.69 的蛋形耐压壳为例，对其进行弹塑性屈曲载荷与失稳模式分析。缺陷蛋形耐压壳(SI=0.69)的平衡路径与失稳模式如图 4.22 所示。由图 4.22 可知，缺陷蛋形耐压壳的平衡路径不稳定，呈现先上升后下降趋势；临界屈曲失稳主要发生在中部区域，且与其对应的理想蛋形耐压壳线弹性屈曲失稳模式一致，具有 9 个波峰数；后屈曲失稳则主要在中部赤道部位呈现局部凹坑形式，此失稳形式与 Healey 等关于椭球形壳的试验结果类似[17]，且与第 5 章蛋形耐压壳的试验结果吻合。

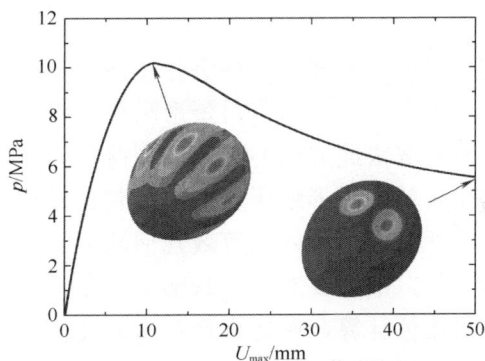

图 4.22　缺陷蛋形耐压壳(SI=0.69)的平衡路径与失稳模式

14 种缺陷蛋形耐压壳的衰减系数 KDF 与蛋形系数 SI 的关系曲线如图 4.23 所示，其中，衰减系数 KDF 为缺陷蛋形耐压壳弹塑性屈曲载荷与其理想蛋形耐压壳弹性屈曲载荷的比值。由图 4.23 可知，缺陷蛋形耐压壳的衰减系数与蛋形系数的关系：蛋形系数越小，衰减系数越小；蛋形系数越大，衰减系数越大，表明当蛋形系数逐渐增加趋于 1 时，蛋形耐压壳会逐渐趋于球形耐压壳，在此变化过程中蛋形耐压壳的衰减系数会逐渐变小，缺陷敏感度增加，扩展了 Jasion 和 Magnucki 有关桶形壳的研究理论[10]。此外，由图 4.23 知，蛋形系数 SI=0.65 的缺陷蛋形耐压壳弹塑性屈曲载荷与 SI=0.62 的缺陷蛋形耐压壳之间差值为 11%，表明蛋形系数在 0.65～0.69 的蛋形耐压壳承载能力相差不是很大，当耐压壳在实际应用中安全性能要求较低，只考虑空间利用率以及水动力学特性时，以上范围内的蛋形系数都可以作为设计参考。

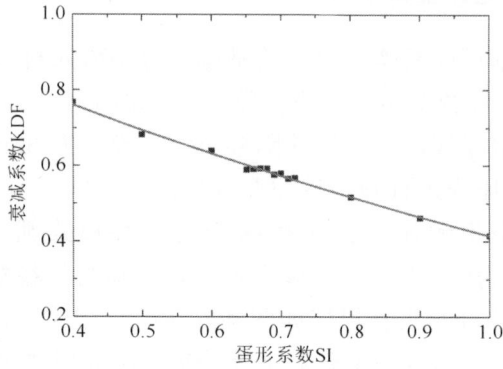

图 4.23　14 种缺陷蛋形耐压壳衰减系数

4.5　蛋形耐压壳比例模型试验研究

4.1 节～4.4 节对蛋形耐压壳的屈曲特性进行了数值分析，但仅限于数值模拟阶段，为了增加数值分析的可靠性，本节将对蛋形耐压壳进行比例模型试验验证。蛋形耐压壳比例模型将分别采取快速成型与冲压成型两种工艺进行加工制造，由于加工过程中不可避免地存在误差，蛋形耐压壳在实际制造过程中必然存在真实缺陷，这与前面蛋形耐压壳弹塑性分析中引入的等效几何缺陷有所区别，但同样会导致蛋形耐压壳实际承载能力下降，故需要对真实缺陷下的蛋形耐压壳比例模型进行屈曲特性研究，并结合理论与数值计算，确定蛋形耐压壳比例模型的屈曲机理，为蛋形耐压壳的 1∶1 模型实际加工制造作前期探索。

4.5.1　基于快速成型技术的比例模型试验

快速成型技术能够针对于一些复杂产品进行制造，克服传统制造的不足，且精度高效果好，故本节将采用快速成型技术对具有复杂曲面的蛋形耐压壳进行缩比模型制造，并研究其屈曲特性。

1. 材料与方法

1) 蛋形耐压壳加工过程

（1）设备与材料。蛋形耐压壳的制造主要采用 3D 打印快速成型技术，选取的材料为光敏树脂，此材料遇光即会发生固化。3D 打印制作工艺称为立体光固化成型工艺 SLA（Stereo Lithography Apparatus）。SLA 制作工艺的原理为：使用 UV 激光和计算机系统控制的 X-Y 扫描镜逐层在液体光聚合物的表面循着所打印形状的轮廓和横截面进行扫描，使得所要打印的 3D 模型逐层累加，最终形成完整模型。与传统"减材制造"相对应，3D 打印也称为"增材制造"，借助三维数字模型设计，使用各种打印技术来实现材料层层叠加，最终形成三维物体的一种制造方式，其已被广泛应用于工业、建筑业、医学等领域。

蛋形耐压壳比例模型委托深圳未来工厂公司进行 3D 打印生产制造，其采用的 3D 打印机型号为 Systems ProJet3500cpxmax，此设备性能参数如表 4.17 所示。同时，采用的打印材料为"未来 8000"光敏树脂，主要成分为环氧树脂，是一款由帝斯曼集团(DSM)推出的高性能类 SBA 树脂材料，其材料力学特性参数如表 4.18 所示，通过该材料打印出来的模型具有表面光滑、精度高、装配性好以及硬度高等优点，广泛应用于电子、家用电器、汽车配件、医疗器械、机械设备等领域。

表 4.17 3D 打印设备性能参数

性能	参数	性能	参数
成型范围	298×185×203mm($L×W×H$)	打印温度	35±1℃
分层精度	16～33μm	激光波长	250～300nm
尺寸精度	0.125～0.210mm/inch	临界曝光量	8.8mJ/cm²
X 方向分辨率	694×750×1300DPI	穿透深度	0.124mm
Y 方向分辨率	694×750×1600DPI	光束直径	0.2～0.8mm

表 4.18 "未来 8000"光敏树脂力学特性参数

力学特性	参数	力学特性	参数
热变形温度	46℃	弯曲模量	2178～2222MPa
硬度	79	冲击强度	23～29J/m
抗拉强度(拉伸)	47MPa	屈服强度	33.22MPa
抗拉强度(断裂)	33～40MPa	吸水率	0.4%
延展率(拉伸)	3%	泊松比	0.41
延展率(断裂)	6%～9%	密度	1.13g/cm³(25°)
弹性模量	2370～2650MPa	黏度	270CPS(30°)

(2)3D 模型设计。对 4.1 节设计的蛋形耐压壳按照 11∶1 进行缩比模型设计，则蛋形耐压壳比例模型长轴为 232mm，短轴为 160mm，蛋形系数为 0.69，且壁厚设计为 2mm，其三维设计模型如图 4.24(a)所示，并通过 3D 打印技术制造出 3 个蛋形耐压壳缩比模型，缩比模型实物如图 4.24(b)所示。由于蛋形耐压壳属于封

闭形薄壁回转壳体，则在使用 3D 技术对其进行打印时，壳体内部必然会存在支撑物，而支撑物的存在必然会对蛋形耐压壳的力学性能造成影响，因此必须将其取出。针对于此，本节将蛋形壳分为两部分进行打印，如图 4.24（a）所示，以蛋形耐压壳的尖端为起点，沿着轴向取长轴 5%长度为界，且规定临界线左端部分为蛋帽，临界线右端部分为蛋体，而完整的蛋形耐压壳则需要将二者使用高强度胶水进行粘接。

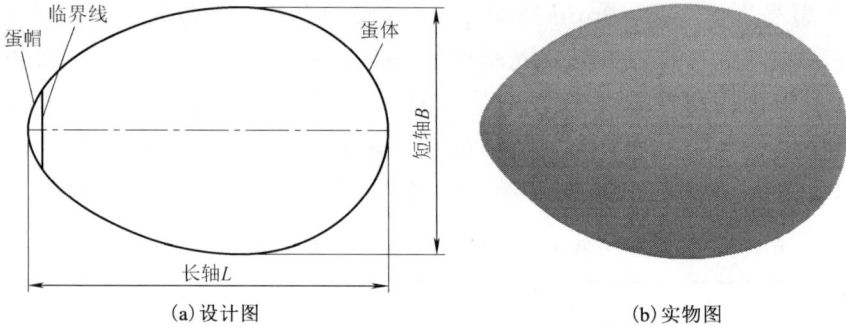

（a）设计图　　　　　　　　　　　　　　　　（b）实物图

图 4.24　蛋形耐压壳比例模型设计与制造

2）蛋形耐压壳力学特性测试

在蛋形耐压壳进行静水压力试验之前，需分别对其进行三维轮廓扫描，通过逆向工程获取 3 个蛋形壳的真实轮廓，便于后续对其进行误差分析以及数值模拟。其中，由于蛋形耐压壳材料为光敏树脂，此材料反光度较差，故只需要对蛋形耐压壳表面进行标记点粘贴，不需要表面喷粉，蛋形耐压壳三维扫描过程如图 4.25 所示。

提取 3 个蛋形耐压壳真实轮廓后，分别对每个蛋形壳进行静水压力试验，本次试验采用的设备为深海压力舱Ⅱ#，其内部为直径 200mm、高 800mm 的圆柱形压力舱，此外，该设备可通过手动试压泵对内部舱体进行缓慢增压，适合破坏压力较小的试验品，蛋形耐压壳现场试验如图 4.26 所示。

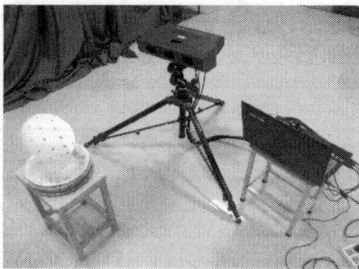

图 4.25　树脂蛋形耐压壳三维扫描　　　　图 4.26　树脂蛋形耐压壳现场试验

2. 结果分析与讨论

1) 几何参数分析

(1) 曲率半径误差分析。使用 GOM Inspect 软件分别对 3 个蛋形耐压壳制造模型与理想模型进行曲率半径误差分析，误差结果如图 4.27 所示。由图 4.27 可知，2 号蛋形耐压壳的中部区域与理想蛋形耐压壳的模型相似度最高，误差接近于 0，其次为 1 号蛋形耐压壳，3 号蛋形耐压壳与理想模型的相似度较低，表明在实际 3D 打印过程中，2 号蛋形耐压壳误差最小，更接近于理想模型，其次为 1 号蛋形耐压壳，最后为 3 号蛋形耐压壳。此外，由图 4.27 可知，整体上 3 个蛋形耐压壳与理想模型之间的曲率半径误差范围仅为-0.60～0.68mm，误差范围极小，表明采用 3D 打印技术制造出的蛋形壳精度高，满足设计要求，同时，对于类似于蛋形耐压壳的复杂回转体，可以考虑使用 3D 打印进行制造。

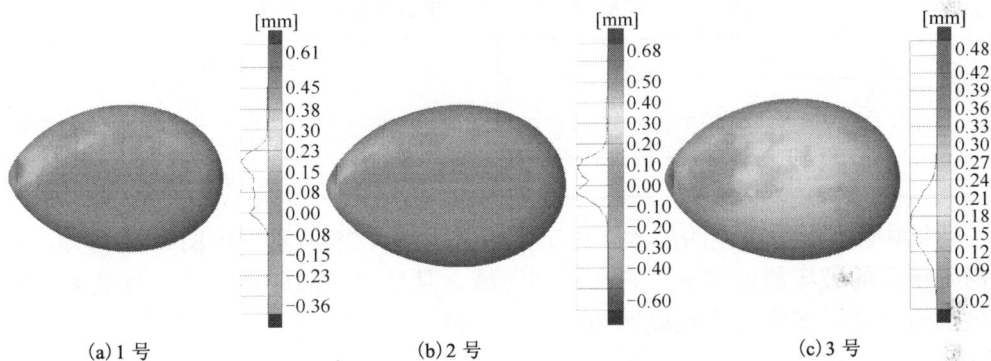

(a) 1 号　　　　　　　　　　(b) 2 号　　　　　　　　　　(c) 3 号

图 4.27　树脂蛋形耐压壳曲率半径误差分析

(2) 厚度分析。对试验后的 3 个蛋形耐压壳分别进行厚度测量，本节主要对蛋形壳破坏区域附近进行取点测量，每个蛋形壳厚度取测量点的平均值，3 个蛋形壳厚度测量值如表 4.19 所示。由表 4.19 可知，3 个蛋形耐压壳厚度都接近于理想模型厚度，且各自厚度的最大值与最小值差值分别为 6.3%、6.2%、7.6%，差值很小；3 个蛋形耐压壳的平均厚度都接近于理想厚度 2mm，且最大误差仅为 3.6%；由表中标准差可知，3 个蛋形耐压壳的厚度值较为集中，都在平均值左右，表明 3 个蛋形耐压壳的整体厚度都接近于设计值。以上分析表明，3D 打印的蛋形耐压壳厚度满足设计要求，具有精度高、误差小的特点。

表 4.19　树脂蛋形壳厚度测量结果

蛋号	最大值/mm	最小值/mm	平均/mm	标准差/mm
1 号	2.002	1.876	1.939	0.037
2 号	2.031	1.905	1.966	0.036
3 号	2.018	1.865	1.928	0.048

2) 试验结果分析

3 个树脂蛋形耐压壳的静水压力破坏载荷 p_{test} 如表 4.20 所示，其中，括号中数值为树脂蛋形耐压壳破坏载荷与理想蛋形耐压壳理论屈曲载荷的比值，而理想蛋形耐压壳理论屈曲载荷可根据式(3-34)计算为 0.75MPa。由表 4.20 可知，3 个蛋形耐压壳静水压力破坏载荷之间相差很小，基本上都在 0.7MPa 左右；每个树脂蛋形耐压壳破坏载荷与各自理论屈曲载荷的比值超过 90%，与理论解较为接近，表明 3D 打印的蛋形耐压壳精度高，其力学性能在一定程度上满足试验要求。此外，由表中数据可知，2 号蛋形耐压壳试验破坏值最大，其次为 1 号蛋形耐压壳，3 号蛋形耐压壳试验破坏值最小，表明在 3D 打印过程中，2 号蛋形耐压壳的形状误差最小，其次为 1 号蛋形耐压壳，最后为 3 号蛋形耐压壳，此结论与 3 个树脂蛋形壳的误差分析结果一致。

表 4.20　树脂蛋形耐压壳静水压力破坏载荷值

编号	p_{test}/MPa
1 号	0.698(0.93)
2 号	0.722(0.96)
3 号	0.691(0.92)

3 个树脂蛋形耐压壳的静水压力破坏形式如图 4.28 所示。由图 4.28 可知，3 个蛋形耐压壳的破坏部位基本上都在中部区域，且呈现局部破坏形式，与第 4 章中关于蛋形耐压壳中部区域为危险区域的结论一致。

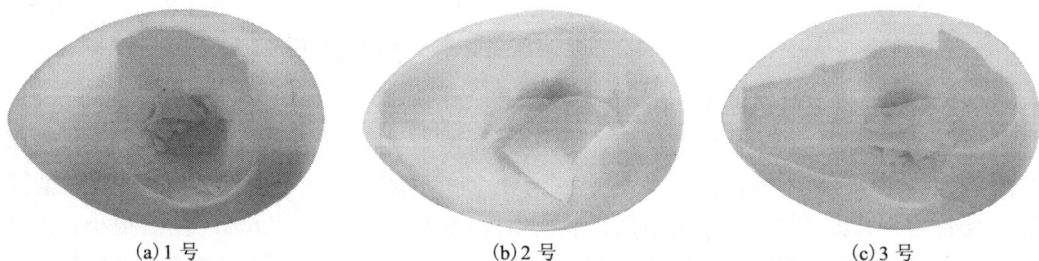

(a) 1 号　　　　　　　　　(b) 2 号　　　　　　　　　(c) 3 号

图 4.28　树脂蛋形耐压壳的静水压力破坏形式

3) 数值分析

(1) 数值模型。由上述几何参数分析可知，3D 打印的树脂蛋形耐压壳与理想模型之间的误差很小，故本节将同时考虑 3 个树脂蛋形耐压壳与 1 个理想蛋形耐压壳。对这 4 个蛋形耐压壳分别采用 ANSA 软件进行网格划分，其中，由于 3 个树脂蛋形壳扫描模型是由许多点云拼接而成的，对 3 个树脂蛋形耐压壳采用随机画法，而对蛋形耐压壳理想模型则采用钱币画法，其中以 1 号树脂蛋形耐压壳与理想蛋形耐压壳为例，其网格划分形式如图 4.29 所示。同时，4 个蛋形耐压壳数值模型的单元数与节点数如表 4.21 所示。3 个树脂蛋形耐压壳厚度采用各自的平均厚度进行赋值，理想模型厚度则赋值 2mm。蛋形耐压壳材料为光敏树脂，其力学参数见表 4.18。所有蛋形耐压壳均采用 3 点约束法，详见第 4 章，这里不再赘述。载荷以均布外载 1MPa 的形式施加于蛋形耐压壳表面。

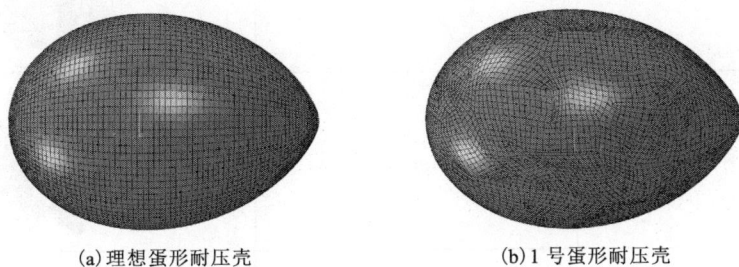

(a) 理想蛋形耐压壳　　　　　　　　　(b) 1 号蛋形耐压壳

图 4.29　树脂蛋形耐压壳网格划分形式

表 4.21　树脂蛋形耐压壳单元数与节点数

编号	三角形单元	四边形单元	节点数
1 号	174	8702	8548
2 号	108	8611	8667
3 号	126	8922	8987
理想模型	0	9312	9314

(2) 蛋形耐压壳线弹性屈曲分析。对 4 个树脂蛋形耐压壳数值模型分别进行线弹性屈曲分析，其线弹性屈曲载荷与失稳模式如表 4.22 所示，其中，括号中数值为每个树脂蛋形耐压壳线弹性屈曲载荷与理想模型的比值。由表 4.22 可知，3 个树脂蛋形耐压壳的线弹性屈曲载荷均小于理想模型，但从它们的比值来看，每个树脂蛋形耐压壳的线弹性屈曲载荷与理想模型的比值均超过 90%，表明 3 个树脂蛋形耐压壳的线弹性屈曲载荷高度接近理想模型，缺陷对其承载力影响较小；2 号蛋形耐压壳的线弹性屈曲载荷最大，其次为 1 号蛋形耐压壳，3 号蛋形耐压壳的线弹性屈曲载荷最小，表明在 3D 打印过程中，2 号蛋形耐压壳是 3 个树脂蛋形壳中缺陷误差最小的，且其弹性屈曲载荷值占到理想模型的 96%，表明 2 号蛋形耐压壳与理想模型最为接近。此外，从表中蛋形耐压壳的失稳模态可以看出，4 个蛋形耐压壳都呈现波浪形失稳模式，且失稳波峰数都为 8，其中，2 号蛋形耐压壳与理想模型一致，都呈现对称失稳模式，而 1 号与 3 号蛋形耐压壳都呈现不对称失稳模式，亦表明 2 号蛋形耐压壳在加工过程中，具有高精度的特点。

表 4.22　树脂蛋形耐压壳线弹性屈曲载荷与失稳模式

编号	屈曲载荷/MPa	失稳模式
1 号	0.701(0.91)	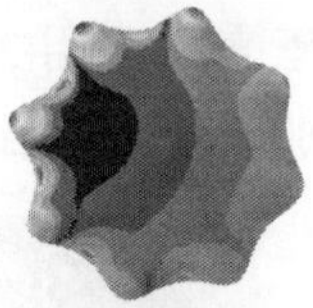
2 号	0.718(0.93)	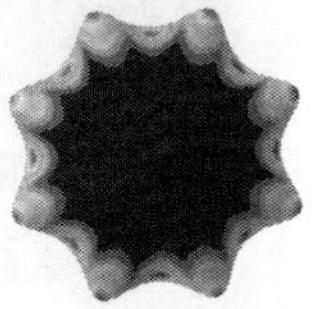
3 号	0.684(0.89)	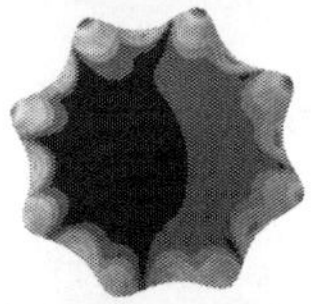
理想蛋形壳	0.771	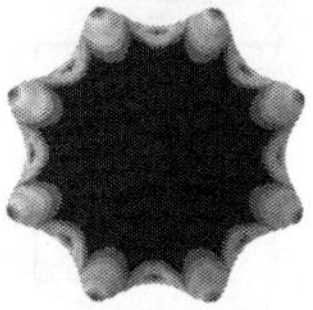

　　(3)蛋形耐压壳弹塑性分析。对树脂蛋形耐压壳与理想蛋形耐压壳分别引入材料非线性参数,其中树脂材料的屈服点载荷见表 4.22,并对其分别进行理想弹塑性分析。4 个树脂蛋形耐压壳的非线性屈曲载荷平衡路径如图 4.30 所示,其所对应的临界屈曲(平衡路径峰值点)与后屈曲(平衡路径端点)失稳模式如表 4.23 所示。由图 4.30 可知,理想蛋形耐压壳与 3 个树脂蛋形耐压壳的平衡路径不稳定,但理想蛋形耐压壳呈现先上升后平衡趋势,而 3 个树脂蛋形耐压壳却呈现先上升后下降趋势;从图中可看出,3 个树脂蛋形耐压壳平衡路径的峰值点都低于理想蛋形耐压壳,表明缺陷对树脂蛋形耐压壳的非线性屈曲载荷有一定影响。此外,由表 4.23 可知,理想蛋形耐压壳临界屈曲与后屈曲失稳模式一致,失稳部位为中部赤道区域,而 3 个树脂蛋形耐压壳临界屈曲失稳主要表现为波浪状失稳模式,与其线弹性屈曲失稳一致,具有 8 个波峰数,且后屈曲主要为局部凹坑失稳模式,这与 3 个缺陷蛋形耐压壳静水压力试验结果破坏形式一致,证明了试验的可靠性。

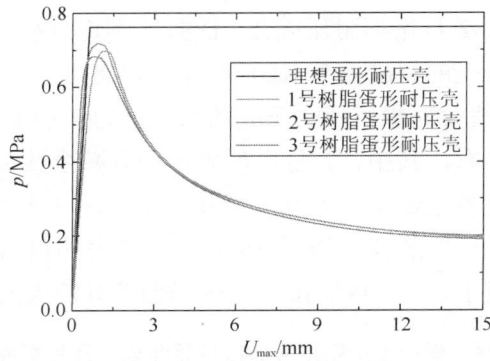

图 4.30 树脂蛋形耐压壳非线性屈曲载荷平衡路径

表 4.23 树脂蛋形耐压壳的失稳模式

编号	临界屈曲	后屈曲
1 号		
2 号		
3 号		
理想模型		

树脂蛋形耐压壳与理想蛋形耐压壳的弹塑性屈曲载荷 $p_{\text{elastic-plastic}}^{\text{imperfect}}$ 及其衰减系数 KDF 如表 4.24 所示，其中，衰减系数为每个蛋形耐压壳弹塑性屈曲载荷与理想模型线弹性屈曲载荷的比值。由表 4.24 可知，2 号蛋形耐压壳的弹塑性屈曲载荷最大，其次为 1 号蛋形耐压壳，3 号蛋形耐压壳弹塑性载荷最小，与 3 个蛋形耐压壳线弹

性屈曲分析一致,表明 2 号蛋形耐压壳在 3D 打印制造过程中所产生的缺陷最少;此外,由 3 个蛋形耐压壳的衰减系数 KDF 可知,理想蛋形耐压壳衰减系数为 0.99,接近 1,表明材料非线性对理想蛋形耐压壳的承载能力影响非常小;3 个蛋形耐压壳的衰减系数都为 0.9 左右,其中,2 号蛋形耐压壳衰减系数最大为 0.93,与理想蛋形壳的线弹性屈曲载荷差值较小,且结合表 4.22 可知,3 个蛋形耐压壳的弹塑性屈曲载荷仅比线弹性临界屈曲载荷下降了 3%左右,也表明材料非线性对 3 个蛋形耐压壳的承载能力影响较小,3 个树脂蛋形耐压壳仍具有较大的载荷承载能力。

表 4.24　树脂蛋形耐压壳非线性屈曲载荷及其衰减系数

编号	$p_{\text{elastic-plastic}}^{\text{imperfect}}$ /MPa	KDF
1 号	0.698	0.91
2 号	0.718	0.93
3 号	0.682	0.88
理想模型	0.762	0.99

4.5.2　基于冲压成型技术的比例模型试验

冲压成型技术是机械制造业中一种重要加工方法,主要利用金属件的塑性变形,且已具有较为成熟的制造工艺,而现役深海耐压壳都为金属材料,所以本节将对蛋形耐压壳进行金属缩比模型制造,并研究其屈曲特性。

1. 材料与方法

1) 蛋形耐压壳加工过程

蛋形耐压壳的材料选用 1.5mm 厚度的 304 不锈钢,而 304 不锈钢的延展性较好,所以采用冲压成型工艺对其进行加工制造。不同于树脂蛋形耐压壳的制造工艺,本节将蛋形耐压壳以赤道为界分为尖端与钝端,并分别对两部分进行冲压成型,最后通过焊接而成。由于蛋形耐压壳两端不对称,所以本节分别设计了适用于尖端半壳与钝端半壳的两套压制模具,以尖端半壳为例,如图 4.31 所示,尖端半壳模具包括尖端凸模、尖端凹模以及模具底座,同样,钝端半壳模具则包括钝端凸模、钝端凹模以及模具底座。

在金属蛋形耐压壳实际加工过程中,其制作工艺依次包括以下 6 道工序:落料、冲压和整形、车削、焊接、打磨,如图 4.32 所示。下面

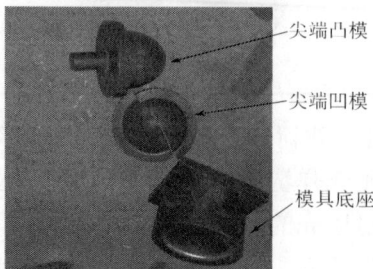

图 4.31　金属蛋形耐压壳尖端半壳模具

将结合图 4.32 对以上 6 道工序作简要描述。

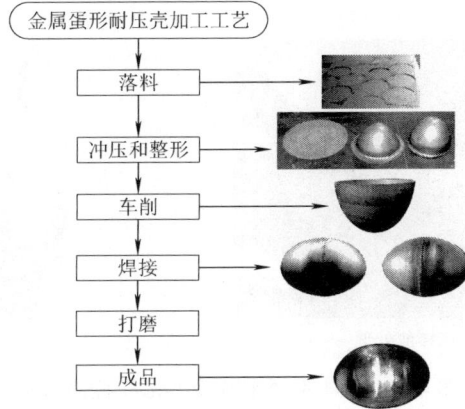

图 4.32　金属蛋形耐压壳工艺流程

(1)落料。落料主要是对原料 304 不锈钢板进行取材，考虑到蛋形壳的两部分都为回转体，所以将落料模设计为圆形，并对整块 304 不锈钢板进行切割落料，其中，蛋形耐压壳尖端半壳与钝端半壳的圆形板料尺寸一致。

(2)冲压和整形。采用大型冲压设备对圆形板料进行冲压成型，分别使用两套冲压模具，将圆形板料冲压成尖端半壳与钝端半壳。由于需要冲压的行程较大，若采用一次冲压法，则会导致成型半壳由于变形过大而导致表面损坏，即出现裂缝，所以为了保证最终半壳的成形率，在冲压过程中采用二次冲压法，即一个行程分两次冲压工序，每次只冲压 1/2 行程。整形则是继续采用冲压设备对冲压成型后的半壳进行校正，平整半壳的表面。

(3)车削。对尖端半壳或钝端半壳进行车削，去除多余的部分，使得半壳的尺寸满足设计要求，同时使得尖端半壳或钝端半壳的开口端更加平整，便于两者的对接。

(4)焊接。将尖端半壳与钝端半壳进行对接，并沿着赤道处进行焊接，采用先点焊后细焊的方法，将其形成一个完整的金属蛋形壳。

(5)打磨。焊接好的蛋形耐压壳存在焊缝，而过多的焊缝会影响蛋形耐压壳中部区域的力学性能，所以需对其进行打磨。打磨采用粗磨与细磨相结合的方式，除去多余的焊渣，并进一步提高金属蛋形耐压壳表面的光泽度。

如图 4.32 所示，经过以上 6 道工序即可制造出金属蛋形耐压壳的成品，由于实际制作过程中废品率较高，所以最终制作 4 个金属蛋形耐压壳，并对这 4 个金属蛋形壳进行屈曲特性研究。

2)蛋形耐压壳力学特性测试

(1)材料力学参数测试。在对金属蛋形耐压壳进行力学特性试验研究之前，需要了解 304 不锈钢材料的有关力学性能参数，本节参照金属材料拉伸试样国家标准[18]，对 304 不锈钢进行哑铃型试样拉伸试验，其拉伸试样前处理与试验现场如图 4.33 所示。

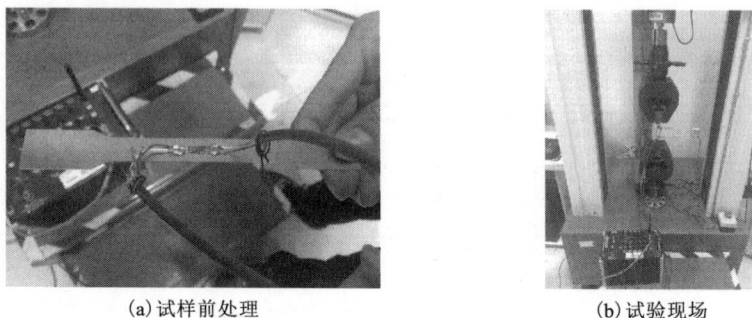

(a) 试样前处理　　　　　　　　　　　　　　　(b) 试验现场

图 4.33　304 不锈钢哑铃型试样拉伸试验

(2) 静水压力测试。与树脂蛋形耐压壳类似，在金属蛋形耐压壳进行静水压力试验前，需分别对其进行 3 维轮廓扫描，通过逆向工程获取 4 个蛋形壳的真实轮廓，便于后续对其进行对称性分析以及数值模拟。由于蛋形耐压壳为金属材料，此材料反光度较强，故对其表面贴完标记点后，需要进行表面喷粉处理，金属蛋形耐压壳的三维扫描过程如图 4.34 所示。扫描后的金属蛋形耐压壳擦干净表面后，将其放入实验室深海压力舱 I 号内进行静水压力试验，试验现场如图 4.35 所示。

图 4.34　金属蛋形壳的 3 维扫描过程　　　　图 4.35　金属蛋形壳静水压力试验现场

2. 结果分析与讨论

1) 几何参数分析

(1) 对称性分析。对 4 个金属蛋形耐压壳三维模型分别进行经线皮尔逊相似度分析，了解经冲压成型工艺制造出的蛋形耐压壳表面轮廓对称性程度。通过 UG 软件分别对 4 个金属蛋形耐压壳进行经线提取，其中，每个蛋形耐压壳提取 3 条经线，经线两两之间互成 120°，与 4.2 节蛋壳经线相似度测量类似，这里不再赘述，分别定义所选取的 3 条经线依次为 0° 线、120° 线、240° 线，而理想模型经线定义为 M。

金属蛋形耐压经线相似度如表 4.25 所示。由表 4.25 可知，每一个蛋形耐压壳本身之间的经线相似度很高，都接近 1，表明每个金属蛋形耐压壳都为高度轴对称结构。此外，每一个金属蛋形耐压壳经线与理想模型经线之间的相似度也非常高，接近 1，表明金属蛋形耐压壳的轮廓形状接近于理想蛋形壳，经过冲压成型工艺获得的金属蛋形耐压壳轮廓形状满足设计要求。

表 4.25　金属蛋形耐压壳经线相似度

编号	皮尔逊相似度					
	$(0°，120°)$	$(0°，240°)$	$(120°，240°)$	$(0°，M)$	$(120°，M)$	$(240°，M)$
1 号	0.99996	0.99996	0.99994	0.9904	0.9925	0.9918
2 号	0.99998	0.99996	0.99999	0.9928	0.9923	0.9923
3 号	0.99999	0.99999	0.99999	0.9936	0.9939	0.9937
4 号	0.99997	0.99996	0.99998	0.9921	0.9913	0.9915

（2）厚度分析。使用超声波测厚仪对 4 个金属蛋形耐压壳进行厚度测量，如图 4.36 所示，将每个金属蛋形耐压壳从尖端到钝端沿着一条经线上等分选取 20 个点，且每隔 36° 选取一条经线，则每个金属蛋形耐压壳所需测量的点数共 2+19×10=192 个。4 个蛋形耐压壳沿着经线方向的厚度分布如图 4.37 所示，详细分析数据见附录 7，厚度数据结果如表 4.26 所示。由图 4.37 可知，4 个金属蛋形耐压壳都呈现两端附近区域厚度小，中部赤道区域厚度大的趋势，这主要由于尖端半壳或钝端半壳在进行冲压成型时，每一个半壳的端部附近区域在冲压过程中变形量最大，导致其厚度较低，而中部赤道区域则由于为焊接区，厚度值会偏大一点。此外，由表 4.26 可知，金属蛋形耐压壳整体厚度偏小，但也存在蛋形耐压壳个别点的最大厚度大于设计厚度 1.5mm 的情况，同时表中 4 个金属蛋形耐压壳的厚度标准差都比较小，表明金属蛋形耐压壳采用冲压成型工艺进行加工制造时，厚度沿着蛋形壳的经线方向分布不均匀，会产生较大的变动，但厚度整体上趋于平均值，与设计厚度较为接近。

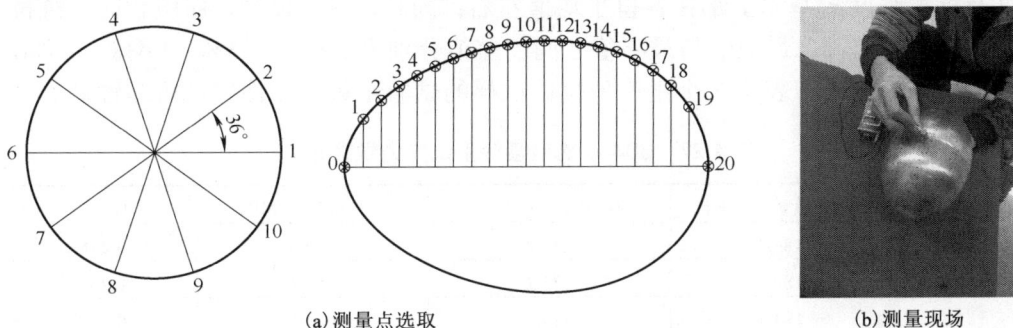

(a) 测量点选取　　　　　　　　　　　　(b) 测量现场

图 4.36　金属蛋形耐压壳厚度测量

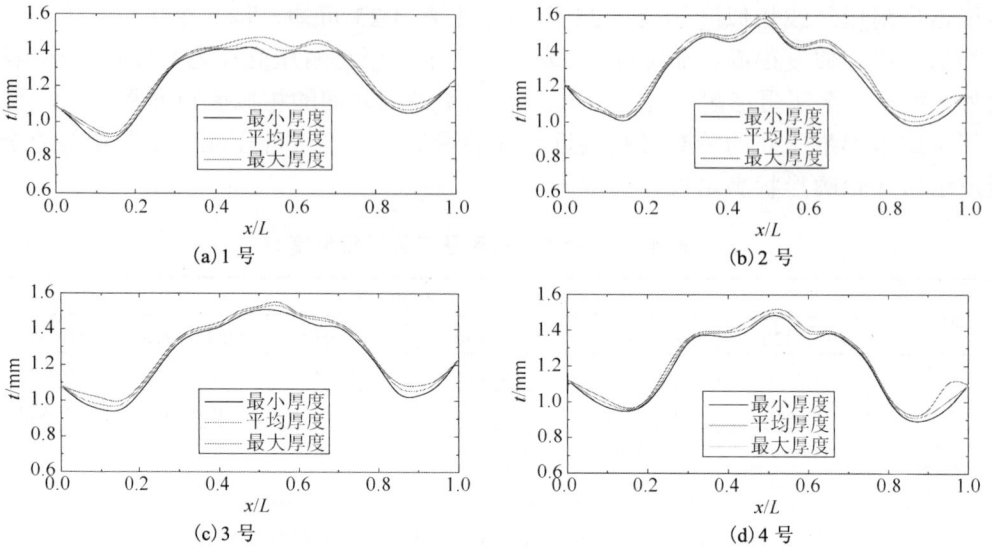

图 4.37　金属蛋形耐压壳厚度分布图

表 4.26　金属蛋形耐压壳厚度测量结果

编号	最小厚度/mm	最大厚度/mm	平均厚度/mm	标准差/mm
1 号	0.894	1.468	1.236	0.180
2 号	0.992	1.600	1.277	0.195
3 号	0.948	1.550	1.265	0.196
4 号	0.902	1.512	1.203	0.202

2) 材料力学参数测试分析

3 个 304 不锈钢哑铃型试样拉伸性能参数如表 4.27 所示。由表 4.27 可知，3 个哑铃型试样所测出的力学特性参数差别很小，弹性模量 E、屈服载荷 σ_s、抗拉强度 σ_b 以及抗拉强度 σ_b 基本上都在各自平均值左右；同时，弹性模量、屈服载荷、抗拉强度以及泊松比各自最大值与最小值之间的差值分别为 2.6%、1.5%、1.4%、6.5%，差值均在 10% 以内，表明 3 个哑铃型拉伸试样的试验结果重复性好，可靠性高。

表 4.27　304 不锈钢哑铃型试样力学参数

编号	弹性模量 E/GPa	屈服强度 σ_y/MPa	抗拉强度 σ_b/MPa	泊松比 μ
1 号	184.4	275.9	679.0	0.245
2 号	189.3	275.2	680.8	0.247
3 号	184.7	279.4	671.1	0.262
平均值	186.1	276.8	677.0	0.251

3）静水压力试验分析

4 个金属蛋形耐压壳的试验破坏值 p_{test}、线弹性屈曲理论值 p_{theory} 以及试验破坏值与线弹性屈曲理论值的比值如表 4.28 所示，其中，线弹性屈曲理论值则根据式 (3-34) 进行计算，厚度则取每个蛋形耐压壳的平均厚度。由表 4.28 可知，4 个金属蛋形耐压壳的破坏压力范围为 7.01～7.18MPa，实验结果相差很小，具有很好的一致性；从 4 个金属蛋形耐压壳的试验破坏值与线弹性屈曲理论值的比值可以看出，4 个金属蛋形耐压壳的实际承载能力都衰减得较快，但都占线弹性屈曲理论值的 1/3 左右，且 1 号与 4 号金属蛋形耐压壳的比值 p_{test}/p_{theory} 都大于临界屈曲理论值的 1/3。一般认为，球形耐压壳经过加工制造后，其实际承载力仅为理论值的 1/5～1/3，且由此可见，蛋形耐压壳的实际承载能力比球形耐压壳好。

表 4.28　金属蛋形耐压壳静水压力破坏载荷

编号	p_{test}/MPa	p_{theory}/MPa	p_{test}/p_{theory}
1 号	7.12	20.49	0.35
2 号	7.18	21.88	0.33
3 号	7.15	21.47	0.33
4 号	7.01	19.41	0.36

4 个金属蛋形耐压壳的静水压力破坏形式如图 4.38 所示。由图 4.38 可知，4 个金属蛋形壳的破坏部位都在中部赤道区域，且破坏形式为局部凹坑，这与树脂蛋形耐压壳的试验破坏形式一致，同时与第 4 章蛋形耐压壳屈曲数值研究结果一致。

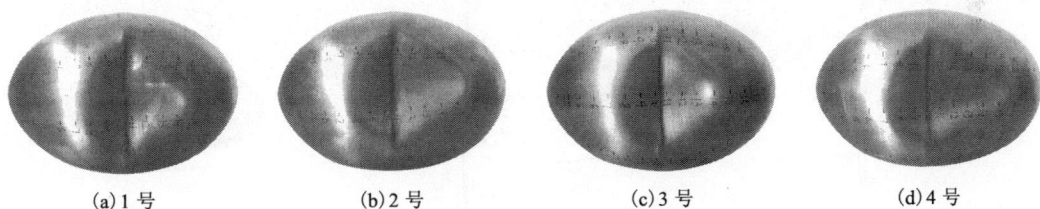

(a) 1 号　　　　　(b) 2 号　　　　　(c) 3 号　　　　　(d) 4 号

图 4.38　金属蛋形耐压壳试验破坏形式

4）数值分析

(1) 数值模型。与树脂蛋形耐压壳数值建模类似，使用 ANSA 前处理对金属蛋形耐压壳三维模型进行网格划分，对 4 个金属蛋形耐压壳均采取随机画法，且 4 个蛋形耐压壳数值模型的单元数与节点数如表 4.29 所示。4 个蛋形耐压壳数值模型的厚度均采用离散点赋值，其厚度分布如图 4.37 所示。约束条件与载荷施加均与树脂蛋形耐压壳数值模型一致。此外，304 不锈钢材料力学性能参数见表 4.27，其中，力学性能参数取表中平均值。

表 4.29　　金属蛋形耐压壳数值模型单元数与节点数

编号	三角形单元数	四边形单元数	节点数
1 号	8340	30	8537
2 号	8477	42	8500
3 号	8946	46	8971
4 号	8531	28	8547

（2）蛋形耐压壳线弹性屈曲分析。金属蛋形耐压壳线弹性屈曲分析方法与树脂蛋形壳类似，这里不再赘述。4 个金属蛋形耐压壳线弹性屈曲载荷平衡路径及其失稳模式如图 4.39 所示。由图 4.39 可知，4 个金属蛋形耐压壳的平衡路径均呈现先上升后下降趋势，平衡路径不稳定；蛋形耐压壳临界屈曲与后屈曲失稳均呈现局部凹坑形状，与试验结果一致。

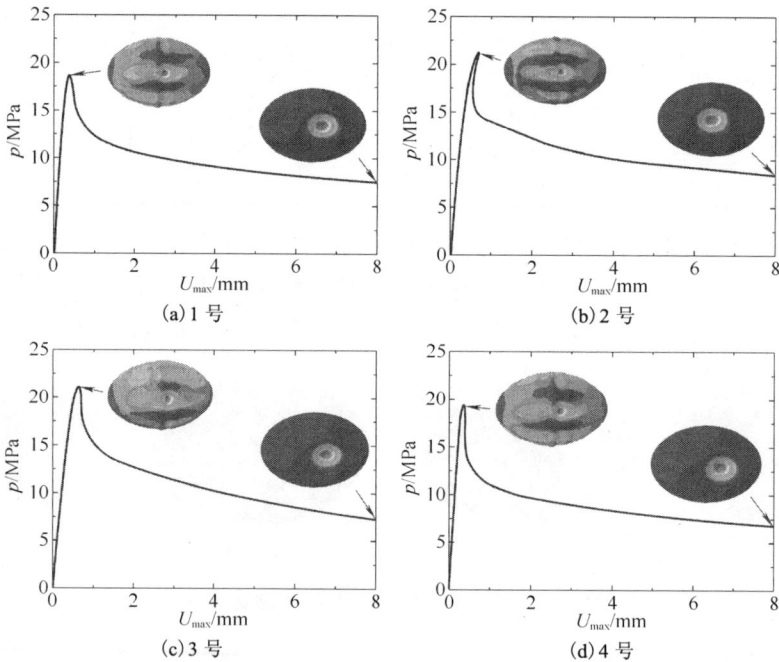

(a) 1 号　　　　　　(b) 2 号

(c) 3 号　　　　　　(d) 4 号

图 4.39　　金属蛋形耐压壳线弹性平衡路径及其失稳模式

4 个金属蛋形耐压壳的线弹性屈曲载荷 $p_{\text{elastic}}^{\text{imperfect}}$ 及其与各自线弹性屈曲理论解 p_{theory} 之间的比值 $p_{\text{elastic}}^{\text{imperfect}} / p_{\text{theory}}$ 如表 4.30 所示。由表 4.30 可知，4 个金属蛋形耐压壳的线弹性屈曲载荷值都比较接近，且在均值 20.12MPa 左右；4 个金属蛋形耐压壳的线弹性临界屈曲载荷与屈曲载荷理论值的比值都大于 0.9，且 3 号与 4 号金属蛋形耐压壳都分别达到 0.99 与 1，此时，蛋形耐压壳的线弹性临界屈曲载荷与屈曲载荷理论值基本一致。以上分析表明，金属蛋形耐压壳线弹性屈曲载荷数值解与理论解吻合度极高，故对其进行线弹性临界屈曲理论计算时，考虑其平均厚度较为合理。

表 4.30　金属蛋形耐压壳线弹性屈曲载荷数值解及相关比值

编号	$p_{\text{elastic}}^{\text{imperfect}}$ /MPa	$p_{\text{elastic}}^{\text{imperfect}} / p_{\text{theory}}$
1 号	18.56	0.91
2 号	21.23	0.97
3 号	21.26	0.99
4 号	19.41	1

（3）蛋形耐压壳弹塑性屈曲分析。对 4 个金属蛋形耐压壳分别引入 304 不锈钢材料的塑性参数（表 4.27），并对其分别进行理想弹塑性分析。4 个金属蛋形耐压壳的非线性屈曲载荷平衡路径与失稳模式如图 4.40 所示。由图 4.40 可知，4 个蛋形耐压壳的平衡路径都呈现先上升后下降趋势，即路径不稳定，与各自线弹性屈曲载荷平衡路径相似；4 个蛋形耐压壳临界屈曲以及后屈曲失稳模式均为局部凹坑形式，与试验结果一致。

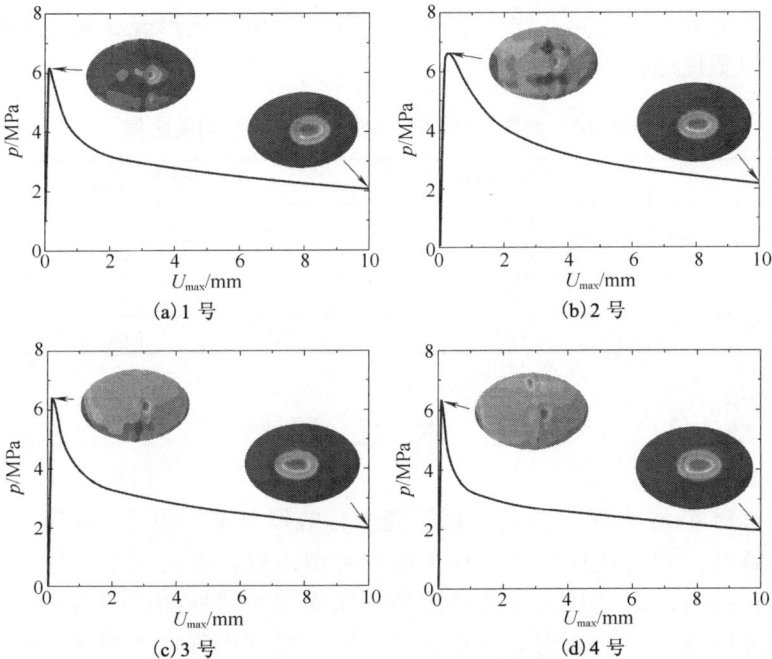

图 4.40　金属蛋形耐压壳弹塑性平衡路径与失稳模式

4 个金属蛋形耐压壳的弹塑性载荷 $p_{\text{elastic-plastic}}^{\text{imperfect}}$ 、弹塑性载荷与线弹性屈曲载荷

的比值 $p_{\text{elastic-plastic}}^{\text{imperfect}}$ / $p_{\text{elastic}}^{\text{imperfect}}$ 以及弹塑性载荷与试验破坏载荷的比值 $p_{\text{elastic-plastic}}^{\text{imperfect}}$ / p_{test} 如表 4.31 所示。由表 4.31 可知，4 个金属蛋形耐压壳的弹塑性载荷与线弹性屈曲载荷的比值都比较小，表明考虑材料塑性参数后，金属蛋形耐压壳的承载能力会有较大幅度的衰减；此外，4 个金属蛋形耐压壳线弹性屈曲载荷与试验破坏载荷的比值都在 0.9 左右，与试验破坏值较为接近，但数值结果较为保守。

表 4.31　金属蛋形耐压壳弹塑性屈曲载荷及相关比值

编号	$p_{\text{elastic-plastic}}$ /MPa	$p_{\text{elastic-plastic}}^{\text{imperfect}}$ / $p_{\text{elastic}}^{\text{imperfect}}$	$p_{\text{elastic-plastic}}$ / p_{test}
1 号	6.17	0.332	0.87
2 号	6.65	0.313	0.93
3 号	6.37	0.30	0.89
4 号	6.31	0.325	0.9

本节将对金属蛋形耐压壳力学特性进一步研究，分别输出其屈服点载荷、4 个金属蛋形耐压壳首次屈服载荷 $p_{\text{fyd}}^{\text{imperfect}}$ 及其与弹塑性屈曲载荷 $p_{\text{elastic-plastic}}^{\text{imperfect}}$ 的比值如表 4.32 所示。由表 4.32 可知，4 个金属蛋形耐压壳首次屈服点载荷与弹塑性屈曲载荷的比值范围为 0.82～0.94，均小于 1，表明 4 个金属蛋形壳在考虑材料塑性参数后，都发生弹塑性屈曲。

表 4.32　金属蛋形耐压壳屈服点载荷及相关比值

编号	$p_{\text{fyd}}^{\text{imperfect}}$ /MPa	$p_{\text{fyd}}^{\text{imperfect}}$ / $p_{\text{elastic-plastic}}^{\text{imperfect}}$
1 号	5.41	0.88
2 号	5.42	0.82
3 号	5.91	0.93
4 号	5.9	0.94

4.6　本 章 小 结

首先通过对 4km 水深下的蛋形耐压壳进行等厚与变厚设计，并研究其线弹性与弹塑性屈曲特性；然后设计同比条件下的球形耐压壳，并与蛋形耐压壳进行综合性能对比分析；接着，研究几何参数对蛋形耐压壳屈曲特性的影响规律；最后，通过快速成型与冲压成型技术分别对蛋形耐压壳比例模型进行加工制造，验证其屈曲机理。通过上述研究可得出如下结论。

(1)同比条件下，蛋形耐压壳的缺陷敏感度比球形耐压壳低，实际承载能力比球形耐压壳好，且综合考虑强度稳定性、浮力系数、水动力学特性、人机环特性以及空间利用率，蛋形耐压壳比球形耐压壳具有更好的综合性能；同时，蛋形耐压壳的变厚设计可以保证在等强度下的承载能力，且壳体材料会大幅度降低，进一步降低浮力系数，提高耐压壳储备浮力能力；此外，蛋形耐压壳两端应力较小，便于开窗、开孔，应用前景广阔。

(2)壁厚对蛋形耐压壳的屈曲特性影响较大，壁厚越大，则理想蛋形耐压壳承载能力越大；若考虑材料塑性，则理想蛋形耐压壳的屈曲特性分为两段，即壁厚在23mm 以内为线弹性屈曲；壁厚在 23mm 以外为弹塑性屈曲，换言之，浅水区内的蛋形耐压壳会发生线弹性屈曲，深水区内的蛋形耐压壳会发生弹塑性屈曲；若进一步引入初始缺陷，则缺陷蛋形耐压壳在整个壁厚范围内将会发生弹塑性屈曲；此外，与同比条件下的球形耐压壳对比可知，蛋形耐压壳更加适用于深海领域的探索。

(3)蛋形系数对蛋形耐压壳的屈曲特性影响较大，蛋形系数越大，则理想蛋形耐压壳的承载能力越大，且此时数值解与理论解更加接近，但理论解偏于保守；若同时考虑材料塑性与初始缺陷，则蛋形系数越大，蛋形耐压壳的承载能力将会衰减得越快；此外，若基于鹅蛋壳生物学特性考虑，则蛋形系数对蛋形耐压壳的屈曲特性影响较小，所以耐压壳在实际应用中安全性能要求较低，只考虑空间利用率以及水动力学特性时，生物学特性范围内的蛋形系数都可以作为设计参考。

(4)采用 3D 打印技术进行实际加工制造的树脂蛋形耐压壳具有精度高、缺陷少的特点，趋近于理想模型；树脂蛋形耐压壳的真实破坏压力与数值解、理论解很接近，近似于线弹性屈曲，且实际承载能力的大小按照 3 个树脂蛋形耐压壳的加工完美程度进行排列；此外，树脂蛋形耐压壳的破坏形式都是从中部首先发生破坏，与数值解得出的结果一致。

(5)采用冲压成型技术实际加工制造的金属蛋形耐压壳具有高度轴对称的特点，但厚度分布不均，在进行数值解与理论解计算时，考虑其平均厚度较为合理；4 个金属蛋形耐压壳的实际承载能力较好，都超过了各自线弹性屈曲载荷的 1/3，且都发生弹塑性屈曲；此外，4 个金属蛋形耐压壳的实际失稳形式都为凹坑模式，与数值解得出的结果一致。

参 考 文 献

[1] Blachut J, Wang P. Buckling of barreled shells subjected to external hydrostatic pressure[J]. Journal of Pressure Vessel Technology, 2001, 132(2): 232-239.

[2] 曲文新, 韩端锋, 刘峰. 载人潜水器耐压壳结构临界失稳压力研究[J]. 船舶, 2013, 03: 42-47.

[3] 李良碧, 王仁华, 俞铭华, 等. 深海载人潜水器耐压球壳的非线性有限元分析[J]. 中国造船, 2005, (04):11-18.

[4] 张建, 王明禄, 王纬波, 等. 蛋形耐压壳力学特性研究[J]. 船舶力学, 2016, (Z1):99-109.

[5] 王自力, 王仁华, 俞铭华, 等. 初始缺陷对不同深度载人潜水器耐压球壳极限承载力的影响[J]. 中国造船, 2007, 02: 45-50.

[6] Bisagni C. Numerical analysis and experimental correlation of composite shell buckling and post-buckling[J]. Composites Part B, 2000, 31(8): 655-667.

[7] Rules for the Classification and Construction of Diving Systems and Submersibles[S]. Published by China Classification Society (CCS) in 2013, 2013.

[8] ENV 1993-1-6: Eurocode 3 - Design of steel structures - Part 1.6: Strength and Stability of shell structures[S]. Eurocode 3 Part 1.6, CEN, Brussels, 2007.

[9] Jasion P, Magnucki K. Elastic buckling of Cassini ovaloidal shells under external pressure–theoretical study[J]. Archives of Mechanics, 2005, 67(2): 179-192.

[10] Jasion P, Magnucki K. Elastic buckling of clothoidal-spherical shells under external pressure–theoretical study[J]. Thin-walled Structures, 2015, 86:18-23.

[11] Jasion P, Magnucki K. Elastic buckling of barreled shell under external pressure[J]. Thin-walled Structures, 2007, 45(4):393-99.

[12] Medwadowski S J. Buckling of concrete shells: an overview[J]. Journal of the International Association for Shell and Spatial Structures, 2004, 45(1): 51-63.

[13] Castro S G P, Zimmermann R, Arbelo M A, et al. Geometric imperfections and lower-bound methods used to calculate knock-down factors for axially compressed composite cylindrical shells[J]. Thin-walled Structures, 2014, 74: 118-132.

[14] Tsien H S, Finston M. Interaction between parallel streams of subsonic and supersonic velocities[J]. Journal of the Aeronautical Sciences, 1949, 16: 515-528.

[15] Wong H T. Behaviour and Modelling of Steel-concrete Composite Shell Roofs[D]. Hong Kong : The Hong Kong Polytechnic University, 2005.

[16] Zhang J, Wang M L, Wang W B, et al. Buckling of egg-shaped shell subjected to external pressure [J]. Thin-walled Structures, 2017, 113:122-128.

[17] Healey J J. Hydrostatic tests of two prolate spheroidal shells[J]. Journal of Ship Research, 1965, 9:77-78.

[18] 中国国家标准化管理委员会. 金属材料—拉伸试验—第1部分: 室温试验方法. GB/T 228.1—2015[S]. 北京: 中国标准出版社, 2010.

第5章　多蛋壳设计方法及力学特性

单蛋形耐压壳结构可在不降低壳体安全性的前提下去除蛋形壳曲率较大的端部，用于开孔连接，有利于进一步提高空间利用率。本章开展多蛋形交接耐压壳仿生设计及试验研究。首先，初步研究多蛋壳参数影响，使多蛋壳结构以最优的参数组合，获得优异的结构性能。其次，为避免出现交接环肋刚度过大或不足，使壳体开孔处的变形量与完整壳体一致，保障交接后的蛋形壳的力学性能及稳定性不受影响，提出蛋形壳开孔前后变形一致的设计理念。最后，为验证真实多蛋壳最终破坏形式，选用制造工艺较为成熟的三维打印树脂多蛋壳作为静水压力试验对象，摒弃工艺性较差的不锈钢多蛋壳，优选尖端交接的树脂双蛋壳，应用变形协调理念，确定比例模型参数，通过逆向工程获取真实蛋壳模型，通过理论及试验验证数值计算及缺陷引入设置的可行性与参考价值，验证真实多蛋壳最终破坏形式，证明交接后的蛋形壳破坏形式与完整单蛋壳是否一致，为多蛋壳仿生设计更深入研究提供理论及试验基础。本章组织结构如图 5.1 所示。

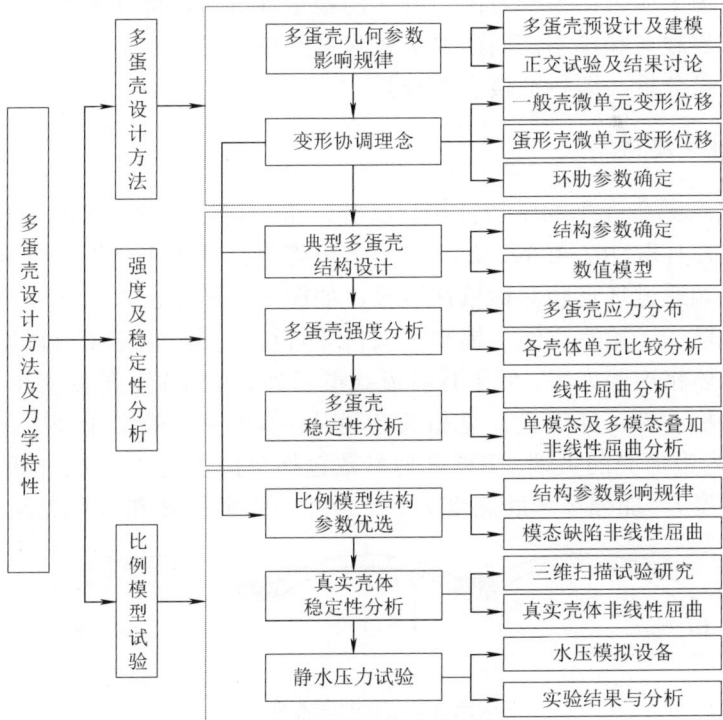

图 5.1　组织结构图

5.1　设　计　方　法

多蛋形交接耐压壳结构(简称多蛋壳)的理论研究主要包含极限强度及稳定性分析。作为研究初期工作，鹅蛋壳生物学特征统计试验必不可少。规范试验后的结果取舍及优化分析，寻找一定的试验方法尤为重要。在仿生学中的特征统计分析结果，转化为可以演算推导的参数函数显得更为艰难。对现有参数函数的取舍优选，结构设计理念的优化等问题是研究多蛋壳基础理论的重要前期工作。针对上述问题，本节将采用规范科学的试验，基于鹅蛋壳生物学特征统计试验，优选并建立蛋形参数函数。在此基础上，初步研究多蛋壳参数影响规律，进一步提出一种变形协调理念，使多蛋壳结构以最优的参数组合，获得更为优异的结构性能。

5.1.1　几何参数影响规律

基于鹅蛋仿生耐压壳的设计，性能分析主要研究两个方面。一方面，壳体的极限强度载荷，是壳体发生屈服破坏的重要影响因素，集中体现在耐压壳受均布压力发生时出现的最大应力；另一方面，壳体的稳定性分析，即研究耐压壳发生屈曲结构失稳时的临界载荷和模态，而屈曲分析包括线性和非线性分析。本节中主要研究理想的线性失稳分析，即特征值屈曲分析。

1.　预设计及建模

根据第 3 章鹅蛋壳生物学特征统计试验，仿生耐压壳的蛋形函数优选 Kitching 蛋形参数方程，且取 $B/L=0.69$，$L/e=45$。多蛋壳包括若干个蛋形仿生壳，相邻蛋形壳的钝端和尖端通过环形肋对称依次连接，如图 5.2 所示。在秉承蛋形壳优异耐压特性的同时，增加了舱室空间，提高了人机环特性，同时也便于分段制造，采用不同大小蛋形壳体相连的方案，便于具有流线型轻外壳的布置，降低潜水器流体阻力，提高潜水器的机动性，详细设计见相关专利[1]。多蛋交接的耐压壳艏部为蛋形壳的钝端，其尾部为蛋形壳的尖端，主要几何参数包括交接蛋壳个数 n、蛋形壳旋转轴 L、加强环形肋厚度 t_r、加强环形肋宽度 L_r、加强环形肋半径 R 和蛋形壳厚度 t(图 5.2)。

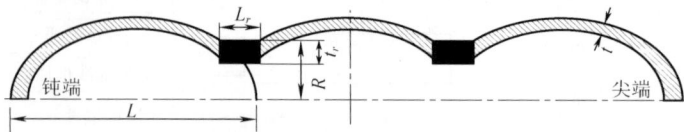

图 5.2　多蛋壳截面

运用 Hyper Mesh 将多蛋壳的每个蛋形壳等分成 6 块进行网格划分，以消除网格大小不同对软件分析的影响，单元类型为线性四边形单元 S4，如图 5.3 所示，交接个数为 2、3、4、5、6 的网格模型。利用有限元软件 ABAQUS 对多蛋壳进行强度和稳定性分析。深水耐压壳在受均布外压时，不受任何约束，为了消除模型的刚性位移，选择三个节点限制耐压壳的六个方向。该约束为虚约束，且三个节点的支反力都为 0，约束方法不影响分析结果。本节选用的蛋形壳材料为 Ti-6Al-4V（Tc4），许用应力[σ]=830MPa，弹性模量 E=110GPa，泊松比 μ=0.3。

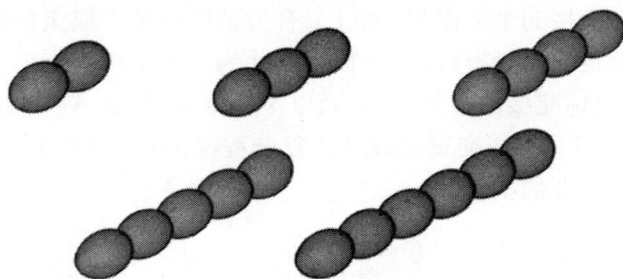

图 5.3　多蛋壳的网格分析模型

2. 正交试验

多蛋壳的几何参数较多，单从每个几何参数对多蛋壳极限强度及稳定性影响考虑，因素较多，很难从中得到一定的影响规律，更不能单从分析结果给出具有参考的价值。多蛋壳的个数对基础理论研究、分析计算效率及加工制造影响较大，特别在后续的非线性屈曲分析，会带来较大困难。基于寻求多蛋壳个数对性能影响规律，进而简化分析模型。再者，通过对分析结果进行正交试验，可获得主要的影响参数。

1）蛋形壳个数影响规律

分别设计交接个数为 2、3、4、5、6 多蛋壳的分析模型，主要几何参数：L=2.4m、t_r=100mm、L_r=60mm、R=500mm、t=60mm。利用 ABAQUS 软件对模型求解，获得不同交接个数下的多蛋壳线性临界屈曲载荷、极限强度载荷，如表 5.1 所示。

表 5.1　多蛋壳交接临界屈曲/极限强度对比表

n/个	临界屈曲载荷 q_{cr}/MPa	极限强度载荷 p_{cr}/MPa
2	230.40	45.8443
3	230.31	45.8214
4	230.53	45.8392
5	230.54	45.8371
6	230.36	45.8226

易见，双蛋壳的极限强度载荷最大，三蛋壳极限强度载荷最小。当交接个数大于等于 4 个时，极限强度载荷随交接个数增大逐渐减小，变化幅度仅为 0.05%。此外，Blachut 提出多球交接的个数对其自身极限强度失稳模式影响不大。本节分析结果有力证明，多蛋壳个数对其极限强度载荷和临界屈曲载荷影响很小。

交接个数为 2、3、4、5、6 多蛋交接模型的屈曲模态，如图 5.4 所示。容易得出，多蛋壳发生一阶失稳时，失稳模式一致，均发生在交接环肋处，由此知多蛋壳的失稳模式并不受交接的个数影响。综上，有力证明在基于鹅蛋仿生耐压壳设计中，针对极限强度载荷及屈曲分析时，可将模型简化为三个交接的蛋形壳结构(以下简称三蛋壳)或者两个对称交接的蛋形壳结构(以下简称双蛋壳，钝端交接、尖端交接之分)，极大地减小了模型和正交试验设计的复杂程度，也为后续非线性屈曲分析中考虑交接个数省去不必要的工作。

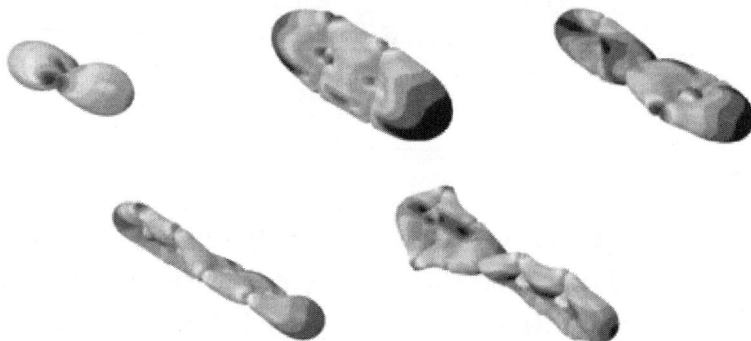

图 5.4　多蛋交接耐压壳屈曲模态

2) 其他几何参数对多蛋壳性能影响

正交试验(Orthogonal Experimental Design)是研究多因素多水平、分析因式设计的常用方法，具有均匀分散、齐整可比的特点。多蛋壳的其他参数，包括仿生蛋壳旋转轴 L、加强肋厚度 t_r、加强肋宽度 L_r、加强肋半径 R 和仿生蛋壳厚度 t。根据正交试验设计方法，其因素水平表如表 5.2 所示。采用正交表 $L_{27}(3^5)$ 设计试验，试验方案和结果如表 5.3 所示。

表 5.2　正交试验设计各因素水平表

因素水平	L/m	R/mm	L_r/mm	t_r/mm	t/mm
1	2.4	500	60	100	60
2	2.8	550	75	150	70
3	3.2	600	90	200	80

表 5.3　正交试验表

试验序号	L	R	L_r	t_r	t	极限强度载荷 p_{cr}/MPa
1	2.4	500	60	100	60	45.8214
2	2.4	500	60	100	70	51.3253
3	2.4	500	60	100	80	56.7436
4	2.4	550	75	150	60	57.0014
5	2.4	550	75	150	70	63.0978
6	2.4	550	75	150	80	69.2621
7	2.4	600	90	200	60	68.9915
8	2.4	600	90	200	70	75.0775
9	2.4	600	90	200	80	81.3305
10	2.8	500	75	200	60	58.9439
11	2.8	500	75	200	70	64.6619
12	2.8	500	75	200	80	70.4722
13	2.8	550	90	100	60	42.2054
14	2.8	550	90	100	70	46.5931
15	2.8	550	90	100	80	50.9506
16	2.8	600	60	150	60	43.6875
17	2.8	600	60	150	70	48.9363
18	2.8	600	60	150	80	54.1901
19	3.2	500	90	150	60	48.5787
20	3.2	500	90	150	70	53.4530
21	3.2	500	90	150	80	58.3185
22	3.2	550	60	200	60	45.3571
23	3.2	550	60	200	70	50.4538
24	3.2	550	60	200	80	55.6090
25	3.2	600	75	100	60	35.3012
26	3.2	600	75	100	70	39.1545
27	3.2	600	75	100	80	42.8875

　　Minitab 是现代质量管理统计软件，作为一款优异的正交试验后处理软件，可有效分析各因素各水平对性能指标的均值主效应、信噪比主效应和贡献率。其中，均值主效应的幅值越大，对性能指标影响越为重要；信噪比为质量特征值的均值与样本方差比值的平方，反映稳健设计中性能指标稳健程度，数值越大，波动越小，越稳定；贡献率为各因素的均值主效应幅值占整体幅值的百分比，其衡量各因素对性能指标影响的程度。运用 Minitab 软件对正交试验结果进行统计分析，可获得各因素各水平对极限强度载荷的均值主效应、信噪比主效应和贡献率，如图 5.5 所示。

(a) 各因素水平对极限强度载荷均值主效应

(b) 各因素水平对极限强度载荷信噪比主效应

(c) 各因素水平对极限强度载荷贡献率

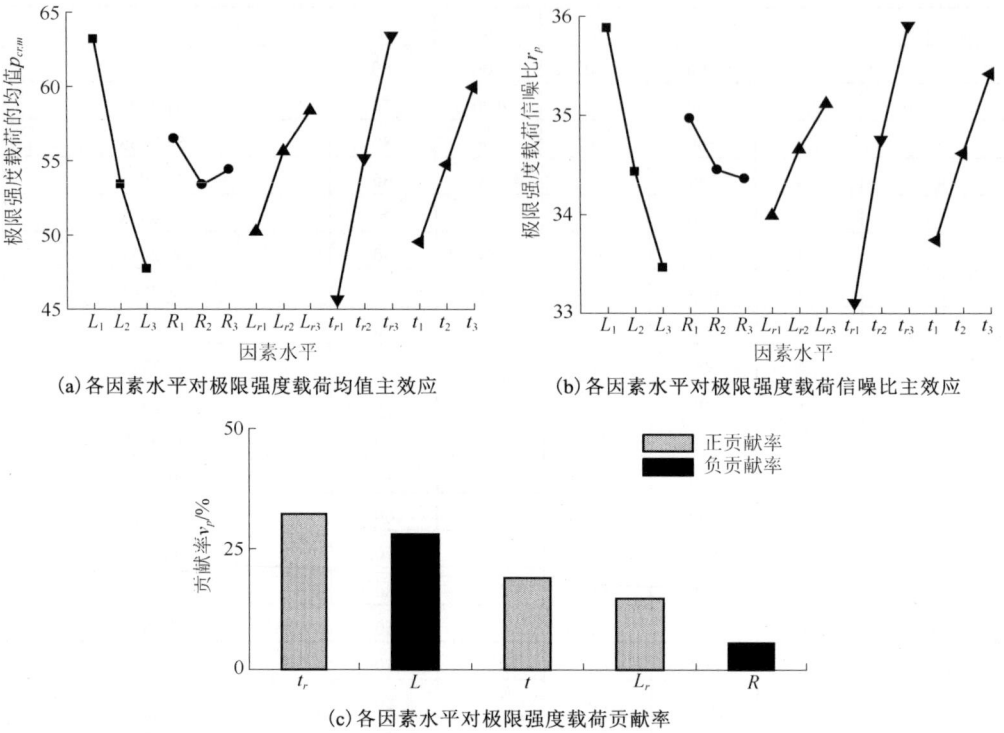

图 5.5　各因素对极限强度载荷影响

图 5.5(a)、(b)、(c)分别是各因素水平对三蛋壳极限强度载荷的均值主效应、信噪比主效应和贡献率。从图 5.5(a)、(c)可以看出，加强肋厚度 t_r、仿生蛋壳旋转轴 L、仿生蛋壳厚度 t、加强肋宽度 L_r、加强肋半径 R 对三蛋形壳的极限强度载荷影响依次减弱；t_r、L 对极限强度载荷的影响占主导因素。L_r、t_r、t 的值越大极限强度载荷越大；L 值越大极限强度反而越小；R 值越大极限强度载荷呈先减小后增大趋势，但对极限强度载荷的总贡献率为负；加强环肋的厚度及蛋壳旋转轴是影响壳体极限强度载荷的主贡献。

考虑设计之初需要设定壳体容积，即蛋壳旋转轴 L 需要依据耐压壳存储容量进行设定，进而决定壳体下潜深度的主要因素就是加强肋的厚度 t_r。蛋壳厚度 t 可根据单个蛋壳的极限强度载荷公式，依据设计的水深，预定范围值。因此，环肋三者参数的组合及相关关系(环肋厚度 t_r、宽度 L_r、半径 R)在基于鹅蛋仿生壳体设计中就显得尤为重要。

其次，单从图表显示及结果分析，考虑影响壳体极限强度载荷的主次因素，由图 5.5(b)可以得到主次因素顺序的最优组合 t_{r3}-L_1-t_3-L_{r3}-R_1，从而获得本节正交试验设计的最优组合参照。由本节中结果分析可知，临界屈曲载荷相比极限强度载荷大许多，在仿生壳体设计中应优先考虑下潜深度，保证安全性，即优先考虑其极限强度载荷。环肋厚度 t_r 对极限强度载荷占主导因素，可在不用考虑对浮力系数影响下，增大 t_r，提高极限强度载荷。然而，为需求较好的设计深度，一味地增加环肋厚度，必然导致壳体重量加大，机动性及浮力系数变差。因此，t_r 作为影响极限强度载荷指标的第一主要因素，需要合适的设计方法，来寻求结构性能最优的尺寸参数组合。

5.1.2　变形协调理念

多段交接耐压壳结构的破坏形式主要有两种[2]：一是由于交接的环肋自身刚度不足，即环肋厚度偏小，导致多壳体单元变形过大最终屈服破坏。二是环肋刚度过大，即环肋厚度偏大，致使交接处的壳体内侧凹陷破坏，而环肋和壳体单元的中部仍处于线弹性阶段。上述两种现象，均由交接环肋引起，环肋作为影响极限强度载荷指标的主要因素，理应需要合适的设计方法，来寻求结构性能最优的尺寸参数组合。为了避免出现这两种破坏形式，且使壳体开孔加强后的变形与完整壳体单元变形一致，在后续章节均采用蛋形壳与环肋受力变形位移一致的设计理念，即变形协调理念，而本节主要研究蛋壳微单元及环肋的变形位移。针对变协调的设计理念，将在后续章节以实例的形式展现。

1. 一般壳体微单元变形位移

变形协调的设计理念，目的是使多段交接的蛋形壳单元在开孔加强后的变形与完整壳体单元变形一致，即保证蛋壳单元的径向位移（垂直于旋转轴方向）与环肋外部受压径向收缩位移相等，以满足变形协调的设计理念，即为合适的设计方法，获得多蛋壳结构性能最优的尺寸参数组合，避免出现上述两种破坏形式。本小节首先以一般旋转壳体为例，循序引入蛋形壳，获得一般的蛋形壳微单元变形位移量，为下一步的环肋设计做铺垫。

1）一般壳体微单元几何关系

一般壳体受外部均压时的微单元如图 5.6 所示，其中 P 点为一般壳体微单元中除中层面外的任一层面内的一点，且沿 α、β、γ 方向的位移分量 u_1、u_2、u_3；α、β、γ 为相互垂直的分量坐标方向。P 点沿三个分量坐标方向的相应线应变为 e_1、e_2、e_3，剪应力分别为 e_{12}、e_{23}、e_{31}。

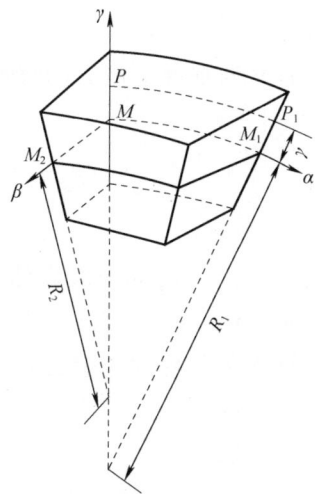

图 5.6　壳微元受力位移几何示意图

上述 P 点的相应线应变公式为

$$e_1 = \frac{1}{H_1}\frac{\partial u_1}{\partial \alpha} + \frac{1}{H_1 H_2}\frac{\partial H_1}{\partial \beta}u_2 + \frac{1}{H_1 H_3}\frac{\partial H_1}{\partial \gamma}u_3 \qquad (5\text{-}1a)$$

$$e_2 = \frac{1}{H_2}\frac{\partial u_2}{\partial \beta} + \frac{1}{H_2 H_3}\frac{\partial H_2}{\partial \gamma}u_3 + \frac{1}{H_2 H_1}\frac{\partial H_2}{\partial \alpha}u_1 \qquad (5\text{-}1b)$$

$$e_3 = \frac{1}{H_3}\frac{\partial u_3}{\partial \gamma} + \frac{1}{H_3 H_1}\frac{\partial H_3}{\partial \beta}u_1 + \frac{1}{H_3 H_2}\frac{\partial H_3}{\partial \beta}u_2 \qquad (5\text{-}1c)$$

$$e_{23} = e_{32} = \frac{H_3}{H_2}\frac{\partial}{\partial \beta}\frac{u_3}{H_3} + \frac{H_2}{H_3}\frac{\partial}{\partial \gamma}\frac{u_2}{H_2} \qquad (5\text{-}2a)$$

$$e_{13} = e_{31} = \frac{H_1}{H_3}\frac{\partial}{\partial \gamma}\frac{u_1}{H_1} + \frac{H_3}{H_1}\frac{\partial}{\partial \alpha}\frac{u_3}{H_3} \qquad (5\text{-}2b)$$

$$e_{12} = e_{21} = \frac{H_2}{H_1}\frac{\partial}{\partial \alpha}\frac{u_2}{H_2} + \frac{H_1}{H_2}\frac{\partial}{\partial \beta}\frac{u_1}{H_1} \qquad (5\text{-}2c)$$

又设定 M 点为一般壳体的中层面内任意一点,则 α、β 方向的拉密系数(球面坐标内,针对微单元角度量线元的修正系数):

$$\left(H_1\right)_{\gamma=0} = A \qquad (5\text{-}3a)$$

$$\left(H_2\right)_{\gamma=0} = B \qquad (5\text{-}3b)$$

过点 $P(\alpha,\beta,\gamma)$ 作一沿 α 方向的微元弧 $\widehat{PP_1}$,见图 5.6,则有

$$\frac{\widehat{PP_1}}{\widehat{MM_1}} = \frac{R_1+\gamma}{R_1} = 1 + \frac{\gamma}{R_1} = 1 + k_1\gamma \qquad (5\text{-}4)$$

$$H_1 = A\left(1 + k_1\gamma\right) \qquad (5\text{-}5a)$$

$$H_2 = B\left(1 + k_2\gamma\right) \qquad (5\text{-}5b)$$

且 γ 为垂直于点 P 的直线矢量,可设定 γ 方向的拉密系数 $H_3 = 1$,则

$$k_1 = \frac{1}{R_1} \qquad (5\text{-}6a)$$

$$k_2 = \frac{1}{R_2} \qquad (5\text{-}6b)$$

又设 u_1、u_2、u_3 为一般壳体微单元除中层面内的任一点沿 α、β、γ 方向的位移分量。u、v、w 为一般壳体微单元中层面内任一点沿 α、β、γ 方向的位移分量,则根据壳体工程理论假设[3,4]:

$$e_3 = e_{31} = e_{32} = 0 \qquad (5\text{-}7a)$$

$$e_3 = \frac{\partial u_3}{\partial \gamma} = 0 \qquad (5\text{-}7b)$$

$$u_3\left(\alpha,\beta\right) = 0 \qquad (5\text{-}7c)$$

且壳内各点沿中层面法线方向位移不随 γ 而变，即

$$\frac{\partial}{\partial \gamma}\frac{u_1}{A(1+k_1\gamma)}+\frac{1}{A^2(1+k_1\gamma)^2}\frac{\partial w}{\partial \alpha}=0 \tag{5-8a}$$

$$\frac{\partial}{\partial \gamma}\frac{u_2}{B(1+k_2\gamma)}+\frac{1}{B^2(1+k_2\gamma)^2}\frac{\partial w}{\partial \beta}=0 \tag{5-8b}$$

简化得

$$\frac{u_1}{A(1+k_1\gamma)}-\frac{u}{A}+\frac{\gamma}{A^2(1+k_1\gamma)}\frac{\partial w}{\partial \alpha}=0 \tag{5-9a}$$

$$\frac{u_2}{B(1+k_2\gamma)}-\frac{v}{B}+\frac{\gamma}{B^2(1+k_2\gamma)}\frac{\partial w}{\partial \beta}=0 \tag{5-9b}$$

则有

$$u_1=(1+k_1\gamma)u-\frac{\gamma}{A}\frac{\partial w}{\partial \alpha} \tag{5-10a}$$

$$u_2=(1+k_2\gamma)v-\frac{\gamma}{B}\frac{\partial w}{\partial \beta} \tag{5-10b}$$

$$u_3=w \tag{5-10c}$$

此外，考虑研究的蛋形壳属于薄壳范畴。根据一般壳体的薄壳理论中 $\frac{t}{R_1}\ll 1$；$\frac{t}{R_2}\ll 1$，因 γ 最大值为 $\frac{t}{2}$，则 $k_1\gamma \leqslant \frac{k_1 t}{2}$；$k_2\gamma \leqslant \frac{k_2 t}{2}$，与 1 相比较小，故而 $(1+k_1\gamma)$，$(1+k_2\gamma)$ 的值均可用数值 1 代替，则有

$$e_1=\varepsilon_1+x_1\gamma \tag{5-11a}$$

$$e_2=\varepsilon_2+x_2\gamma \tag{5-11b}$$

$$e_{12}=\varepsilon_{12}+2x_{12}\gamma \tag{5-11c}$$

$$\varepsilon_1=\frac{1}{A}\frac{\partial u}{\partial \alpha}+\frac{1}{AB}\frac{\partial A}{\partial \beta}v+k_1 w \tag{5-12a}$$

$$\varepsilon_2=\frac{1}{B}\frac{\partial v}{\partial \beta}+\frac{1}{AB}\frac{\partial B}{\partial \alpha}u+k_2 w \tag{5-12b}$$

$$\varepsilon_{12}=\frac{A}{B}\frac{\partial}{\partial \beta}\frac{u}{A}+\frac{B}{A}\frac{\partial}{\partial \alpha}\frac{v}{B} \tag{5-12c}$$

式中，x_1、x_2 代表中层面内各点的主曲率 k_1、k_2 的改变，ε_{12} 为中层面内剪应变。

2) 旋转壳体几何方程

　　一般旋转壳体，即以旋转曲面作为中层面的壳体。其旋转曲面，即为任一平面曲线绕同平面内某直线(旋转轴)旋转而成的曲面。根据上述旋转壳体这一特性，易知：

$$A = R_1 , \quad B = R_2 \sin \alpha , \quad v = 0 , \quad \varepsilon_{12} = 0$$

代入式 (5-12)，获得一般旋转壳体的几何方程，如下：

$$\varepsilon_1 = \frac{1}{R_1} \left(\frac{\mathrm{d}u}{\mathrm{d}\alpha} + w \right) \tag{5-13a}$$

$$\varepsilon_2 = \frac{1}{R_2} \left(u \cot \alpha + w \right) \tag{5-13b}$$

3) 一般旋转壳体物理方程

一般旋转壳体的物理方程较为熟知，壳体微单元内某点的线应变为

$$\varepsilon_1 = \frac{N_1 - \mu N_2}{Et} \tag{5-14a}$$

$$\varepsilon_2 = \frac{N_2 - \mu N_1}{Et} \tag{5-14b}$$

式中，N_1、N_2 分别为一般旋转壳体的经、纬向内力；μ、E 分别为蛋形壳的材料属性泊松比、弹性模量。

4) 一般旋转壳体平衡微分方程

依据一般旋转壳体的几何、物理方程，演算推导属于一般旋转壳体的平衡微分方程，其微分单元如图 5.7 所示。其平衡微分方程为

$$\frac{\mathrm{d}u}{\mathrm{d}\varphi} + w = \frac{R_1}{Et} \left(N_1 - \mu N_2 \right) = R_1 \varepsilon_1 \tag{5-15a}$$

$$\mu \cot \varphi + w = \frac{R_2}{Et} \left(N_2 - \mu N_1 \right) = R_2 \varepsilon_2 \tag{5-15b}$$

进一步简化得

$$\frac{1}{R_2} \left(\frac{\mathrm{d}u}{\mathrm{d}\varphi} - u \cot \varphi \right) = \frac{R_1}{R_2} \varepsilon_1 - \varepsilon_2 \tag{5-16a}$$

$$\frac{\mathrm{d}}{\mathrm{d}\varphi} \left(u \csc \varphi \right) = f \left(\varphi \right) \tag{5-16b}$$

式中，$f \left(\varphi \right) = \dfrac{R_2}{\sin \varphi} \left(\dfrac{R_1}{R_2} \varepsilon_1 - \varepsilon_2 \right)$。

求解上式，可获得切向位移量的一般解：

$$u = \sin \varphi \int f \left(\varphi \right) \mathrm{d}\varphi \tag{5-17}$$

径向位移量的一般解：

$$w = \varepsilon_2 R_2 - \cos \varphi \int f \left(\varphi \right) \mathrm{d}\varphi \tag{5-18}$$

最终获得垂直于一般旋转壳体旋转轴方向的变形位移量：

$$\delta_r = \left(\varepsilon_2 R_2 - \cos\varphi \int f(\varphi)\mathrm{d}\varphi \right)\sin\varphi \tag{5-19}$$

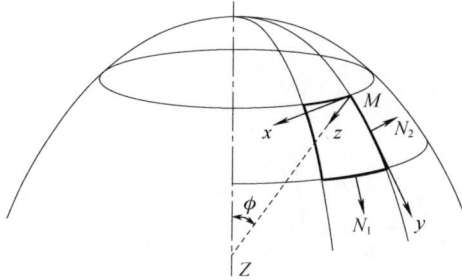

图 5.7　壳微元受力示意图

2. 蛋形壳微单元变形位移

实际鹅蛋壳外轮廓吻合程度较好的 Kitching 蛋形参数方程，为方便基础理论研究，将 Kitching 蛋形函数所绘制的蛋形图逆时针旋转 90°，如图 5.8 所示。

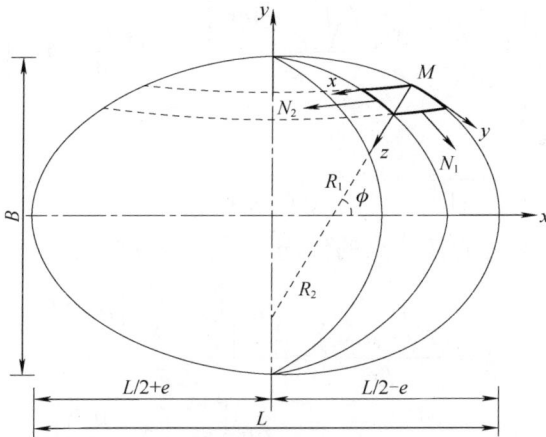

图 5.8　Kitching 蛋形图

Kitching 蛋形函数方程为直坐标系内的单一参数的函数方程：

$$y = \pm \frac{B}{2}\sqrt{1 - \frac{L^2}{8e^2} + \frac{x}{e} + \frac{L\sqrt{\dfrac{L^2}{4} - 4ex}}{4e^2}} \tag{5-20}$$

式中，L 为蛋壳长轴长度；B 为蛋壳短轴长度；e 为偏心距。

设定该蛋形壳受外部均布压力 p，则蛋形壳中层面的经向、纬向内力分别为

$$N_1 = -\frac{PR_2}{2}, \quad N_2 = N_1\left(2 - \frac{R_2}{R_1}\right)$$

式中，$R_1 = \dfrac{\left[1+(y')^2\right]^{\frac{3}{2}}}{y''}$；$R_2 = y\sqrt{1+(y')^2}$。

$$y' = \frac{B}{4}\left(1 - \frac{L^2}{8e^2} + \frac{x}{e} + \frac{L\sqrt{\dfrac{L^2}{4} - 4ex}}{4e^2}\right)^{-\frac{1}{2}}\left[\frac{1}{e} - \frac{L}{2e}\left(\frac{L^2}{4} - 4ex\right)^{-\frac{1}{2}}\right]$$

$$y'' = -\frac{B}{8}\left(1 - \frac{L^2}{8e^2} + \frac{x}{e} + \frac{L\sqrt{\dfrac{L^2}{4} - 4ex}}{4e^2}\right)^{-\frac{1}{4}}\left[\frac{1}{e} - \frac{L}{2e}\left(\frac{L^2}{4} - 4ex\right)^{-\frac{1}{2}}\right]^2$$

$$+ \frac{B}{4}\left(1 - \frac{L^2}{8e^2} + \frac{x}{e} + \frac{L\sqrt{\dfrac{L^2}{4} - 4ex}}{4e^2}\right)^{-\frac{1}{2}}\left[-L\left(\frac{L^2}{4} - 4ex\right)^{-\frac{3}{2}}\right]$$

$$y' = \cot\varphi; \quad \cos\varphi = -\frac{y'}{\sqrt{y'^2 + 1}}; \quad \sin\varphi = \frac{1}{\sqrt{y'^2 + 1}}。$$

易知蛋形异形壳中层面内的任一点的经向、纬向线应变为

$$\varepsilon_1 = \frac{(N_1 - \mu N_2)}{Et} = \frac{PR_2\left[\left(2 - \dfrac{R_2}{R_1}\right)\mu - 1\right]}{2Et} \tag{5-21a}$$

$$\varepsilon_2 = \frac{(N_2 - \mu N_1)}{Et} = \frac{PR_2\left[\mu - \left(2 - \dfrac{R_2}{R_1}\right)\right]}{2Et} \tag{5-21b}$$

可将式(5-21a)与式(5-21b)合并消去过多未知参数，简化得

$$f(\varphi) = \frac{R_2}{\sin\varphi}\left(\frac{R_1}{R_2}\varepsilon_1 - \varepsilon_2\right) \tag{5-22}$$

蛋形异形壳某点的切向、径向方向的变形位移量，分别如下：

$$u = \frac{1}{\sqrt{y'^2 + 1}}\int f(x)\mathrm{d}x \tag{5-23a}$$

$$w = \varepsilon_2 R_2 - \frac{y'}{\sqrt{y'^2 + 1}} \int f(x)\mathrm{d}x \tag{5-23b}$$

式中，$f(x) = R_2 \sqrt{y'^2 + 1} \left\{ \dfrac{PR_1 \left[\left(2 - \dfrac{R_2}{R_1}\right)\mu - 1\right]}{2Et} - \dfrac{PR_2 \left[\mu - \left(2 - \dfrac{R_2}{R_1}\right)\right]}{2Et} \right\}$。

根据积分计算，获得垂直于蛋形异形壳旋转轴方向的变形位移量：

$$\delta_r = \left[\varepsilon_2 R_2 - \frac{y'}{\sqrt{y'^2 + 1}} \int f(x)\mathrm{d}x \right] \frac{1}{\sqrt{y'^2 + 1}} \tag{5-24}$$

3. 环肋参数确定

多蛋壳破坏形式也同属于一般多段交接耐压壳体的破坏形式范畴内：①环肋自身刚度不足，导致壳体变形过大最终屈服破坏；②环肋刚度过大，导致交接处的壳体内侧凹陷破坏，而环肋和壳体中部仍处于线弹性阶段。为了避免出现这两种普遍破坏现象，且能使壳体开孔加强后的变形与完整壳体单元的变形位移量一致，采用蛋形壳与环肋受力变形一致的设计理念(蛋形壳垂直于旋转轴(L)方向的变形位移量δ_r，与环肋径向δ位移量相等)。本节以尖端相交的两个蛋形壳交接耐压壳结构(简称双蛋壳)为例，进行变协调理念设计，钝端相交以此类推，演算推导一致。

双蛋壳(尖端相交)受外部均布压力简图如图 5.9 所示。

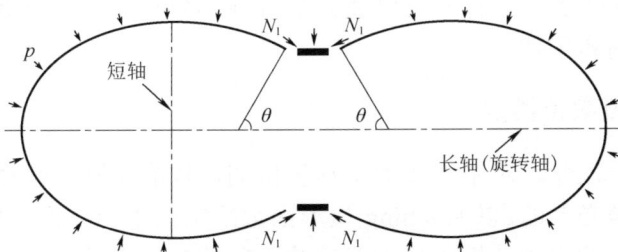

图 5.9　双蛋壳受力简图

根据材料线弹性力学理论，环肋的径向位移可由式(5-25)获得。

$$\delta_r = \frac{p_r R_r}{E} \left(\frac{R_r^2 + r^2}{R_r^2 - r^2} - \mu \right) \tag{5-25}$$

式中，p_r 为加强环肋外部承受均布载荷，$p_r = \dfrac{2N_1 \cos\theta}{L_r} + p$；$r$ 为环肋内径 $r = R_r - t_r$。

最终，可确定双蛋壳(尖端相交)环肋外直径 R_r、环肋长度 L_r 和环肋厚度 t_r 三者之间的关系，如下所示：

$$t_r = R_r \left[1 - \sqrt{\frac{\delta E - p_r R_r (1-\mu)}{\delta E + p_r R_r (1-\mu)}} \right] \tag{5-26}$$

同理，上述也可以得到钝端相交的双蛋壳环肋主要参数的关系，以及交接个数大于等于两个的多蛋形交接耐压壳结构，详细设计见相关专利[5]。由此，在基于鹅蛋仿生耐压壳的变协调设计中，可根据下潜深度等要求设定环肋两个未知参数，在满足变协调理念的条件下，确定第三个未知参数，以避免出现上述两种普遍的破坏现象。

<h1 style="text-align:center">5.2　强　度　分　析</h1>

基于鹅蛋壳仿生的耐压单壳体(简称单蛋壳)，与鹅蛋壳拥有一致的轮廓，具有鹅蛋与生俱来的超强耐压特性。多个蛋形交接耐压壳体(简称多蛋壳)，是由蛋形壳开孔并通过加强环肋交接而成的。提出多蛋壳的变形协调设计理念，旨在不破坏蛋形壳原有的力学特性。完整蛋形壳在开孔加强后力学特性的变化程度，极大地受加强环肋设计方法的影响，而变形协调设计理念能否克服蛋形壳力学特性的改变，则亟须通过开孔加强后的三蛋壳的力学特性研究来获得答案。多蛋壳的模型简化，综合考虑蛋形壳两端开孔，以下将多蛋壳的模型研究简化为典型三蛋壳。三蛋壳由三个蛋形壳通过两个加强环肋交接而成，研究三蛋壳的力学特性，应基于单蛋壳的力学特性。以单蛋壳作类比，针对三蛋壳力学特性，分析与比较数值与理论结果，验证变形协调理念的实用性。

5.2.1　结构设计及数值模型

变形协调设计理念，是基于变形位移量协调一致的原则，针对该理念的可行性及可靠性的验证是必要的。以 Kitching 蛋形函数绘制的蛋形壳作为仿生壳体的单元，研究该单一蛋形壳的力学特性，与本章后续小节的多蛋壳各单元对比分析，以评价变形协调设计理念的实用性。分别对交接个数为 2、3、4、5、6 多蛋壳的最大应力、临界屈曲载荷进行了计算分析，结果表明在基于鹅蛋仿生耐压壳设计中，针对极限强度载荷及屈曲分析时，可将模型简化为三个交接的蛋形壳结构或者两个对称交接的蛋形壳结构，极大减小了模型和正交试验设计的复杂程度，也为后续非线性屈曲分析为考虑交接个数带来不必要的工作。此外，蛋壳并非对称于短轴，存在钝端、尖端之分，本节以三蛋壳为例，研究多蛋壳的力学特性。三蛋壳包括三个 Kitching 蛋形函数绘制的蛋形壳，见图 5.10。

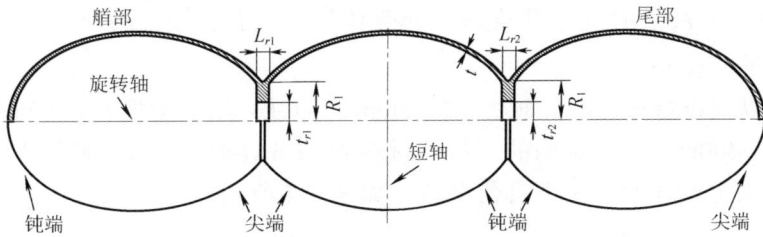

图 5.10　多蛋壳几何结构

1. 多蛋壳尺寸参数确定

参照国内外球形耐压壳设计直径约为 2m，参数设定应考虑实际耐压壳内适合人员操作及设备布置需求，现预设蛋形壳旋转轴 $L = 2453\text{mm}$、加强环形肋宽度 $b = 200\text{mm}$、加强环形肋半径 $R = 400\text{mm}$。选用的三蛋壳材料为 Ti-6Al-4V（Tc4），许用应力 $[\sigma] = 830\text{MPa}$，弹性模量 $E = 110\text{GPa}$，泊松比 $\mu = 0.3$。两种常见多段交接壳体结构的破坏形式，一种为环肋自身刚度不足，导致壳体变形过大最终屈服破坏；另一种为环肋刚度过大，导致交接处的壳体内侧凹陷破坏，而环肋和壳体中部仍处于线弹性阶段。为了避免出现这两种普遍破坏现象，且能使壳体开孔加强后的变形与完整壳体单元的变形位移量一致，采用蛋形壳与环肋受力变形位移量一致的设计理念。而针对三蛋壳的变形协调设计，是基于双蛋壳变形协调设计的深化。三蛋壳受力分解示意如图 5.11 所示。

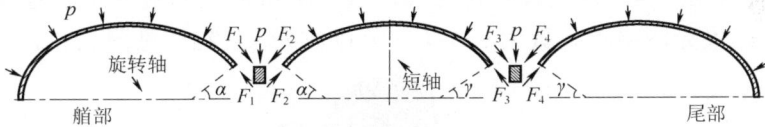

图 5.11　多蛋壳受力简图

根据一般线弹性理论，可获得左侧、右侧环肋径向位移量，如下：

$$\delta_{r1} = \frac{p_{r1}R}{E}\left(\frac{R^2 + r_1^2}{R^2 - r_1^2} - \mu\right) \tag{5-27a}$$

$$\delta_{r2} = \frac{p_{r2}R}{E}\left(\frac{R^2 + r_2^2}{R^2 - r_2^2} - \mu\right) \tag{5-27b}$$

式中，r_1、r_2 为左、右侧环肋内径；p_{r1}、p_{r2} 为左、右侧环肋外部均布压力：

$$p_{r1} = \frac{(F_1 + F_2)\cos\alpha}{b} + p \tag{5-28a}$$

$$p_{r2} = \frac{(F_3 + F_4)\cos\gamma}{b} + p \tag{5-28b}$$

式中，F_1、F_2、F_3 及 F_4 为三蛋壳各单元壳体从左至右交接处的内力；α、γ 为左、右侧交接处的交接角。

最终，以预设蛋形壳旋转轴 $L = 2453\text{mm}$、加强环形肋宽度 $b = 200\text{mm}$、加强环形肋半径 $R = 400\text{mm}$，且选用的三蛋壳材料为 Ti-6Al-4V（Tc4），通解上述两个平衡方程，可以确定设计的三蛋壳几何参数，如表 5.4 所示。

表 5.4　多蛋壳几何参数

L/mm	B/mm	e/mm	t/mm	R/mm	L_r/mm	r_1/mm	r_2/mm
2453	1693	54.5	15	400	200	250	170

2. 数值模型

有限元法作为能有效解决产品制作前期预研分析的实用途径，可借计算机编制程序辅助求解理论求解困难的微分方程，这是一种高效能、常用的数值计算方法。2000 年，Schmidt 表示一般壳体的极限强度载荷及临界屈曲载荷可以通过有限元数值求解的方法有效获得，也给出了针对薄壳屈曲载荷和模态的有限元模型及求解方法[6]。

蛋形壳属于旋转壳体范畴，异形壳归根为一般壳体的延伸。针对蛋形壳的网格划分，可参照球形网格划分的钱币式分割法。运用 HyperMesh 将三蛋壳的蛋形壳单元等分成 6 块进行网格划分，以消除网格大小不同对分析结果的影响，单元类型选为线性四边形单元 S4，避免有限元迭代发散。单蛋形壳网格单元数为 4640，节点数为 4642。三蛋壳网格单元数为 13120，节点数为 13122，见图 5.12。

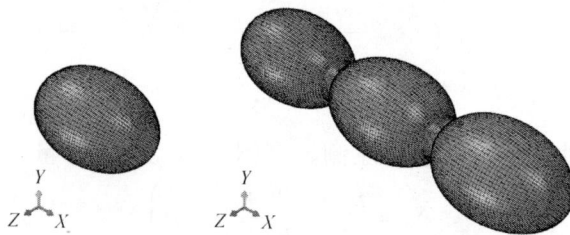

图 5.12　单蛋壳及三蛋壳分析模型

基于 FEM 分析法的 ABAQUS 软件系统是分析壳体应力、屈曲及后屈曲载荷和模态的有效工具。深水耐压壳在受均布外压时，不受任何约束，为了消除模型的刚性位移，选择三个节点限制耐压壳的六个方向位移。该约束为虚约束，且三个节点的支反力都为 0，证明约束方法不影响分析结果。本节施加壳体外部载荷的均布压力均为 $p_0 = 1\text{MPa}$，单蛋壳及三蛋壳分析材料参照现有深海耐压壳材料选为 Ti-6Al-4V（Tc4），许用应力[σ]=830MPa，弹性模量 $E = 110\text{GPa}$，泊松比 $\mu = 0.3$。2005

年，王自力等给出了钛合金(Tc4)的塑性应力应变曲线[7]，如图 5.13 所示。利于 FEM 迭代计算，获得较好的材料弹塑性分析结果，根据 Beer 材料属性的应力应变公式，现将钛合金(Tc4)的塑性应力应变曲线拟合，如下：

$$\sigma = E\varepsilon , \quad \sigma < \sigma_y \tag{5-29a}$$

$$\sigma = \sigma_y \sqrt[n]{\left(\frac{E\varepsilon}{\sigma_y} - 1\right)n} , \quad \sigma \geqslant \sigma_y \tag{5-29b}$$

式中，n 为应变修正硬化参数，拟合后 $n = 59.327$；σ_y 为许用应力，$\sigma_y=[\sigma]=830\text{MPa}$。

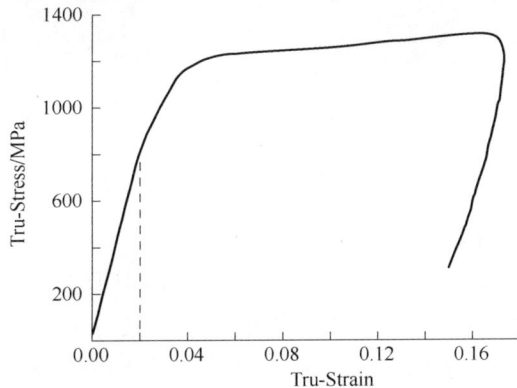

图 5.13　钛合金塑性应力应变曲线

5.2.2　应力分析

三蛋壳由三个蛋形壳通过两个加强环肋交接而成，研究三蛋壳的力学特性，应以单蛋壳作为类比。多蛋壳的变形协调设计理念，旨在不破坏蛋形壳原有的力学特性，增加耐压壳的内部空间。完整蛋形壳在开孔加强后力学特性的变化程度，受加强肋的设计方法的绝对影响，而变形协调设计理念能否克服蛋形壳力学特性的改变，亟须通过开孔加强后的三蛋壳的力学特性研究来获得答案。

为便于后续三蛋壳的强度理论研究，现针对单蛋壳的力学特性进行研究，寻求变形协调设计理念的实用性。利用 ABAQUS 对单蛋壳及三蛋壳进行静力分析计算，单蛋壳和三蛋壳的数值 Von Mises 应力云图，如图 5.14 所示。

单蛋壳是高度旋转对称的壳体，其应力云图(图 5.14)显示沿旋转轴方向上各圆周上的任意一点应力相等，也验证蛋形壳高度旋转的对称性。单蛋壳在壳体经向方向，应力分布起伏较大。首先缓慢增大，至最大处时(蛋形壳中部)，再缓慢减小。蛋形壳尖端和钝端的应力变化趋势一致，中部至钝端部分应力值略大于中部至尖端处的应力值，为蛋形壳中部至尖端轮廓的曲率半径略大于另一端所致。蛋形壳中部的经向和周向曲率半径最大，理应在此处应力最大。数值计算结果表明，单蛋壳的最大应力出现在蛋形壳的中部（赤道），值为37.781MPa，也验证了这一点。此外，根据线弹性力学理论，承受外载荷与结构应力呈线性关系。该单蛋壳选用材料为Ti-6Al-4V（Tc4），许用应力$[\sigma]$=830MPa，可知该设计的单蛋壳结构极限强度载荷为21.968MPa，即最大承受外载荷。

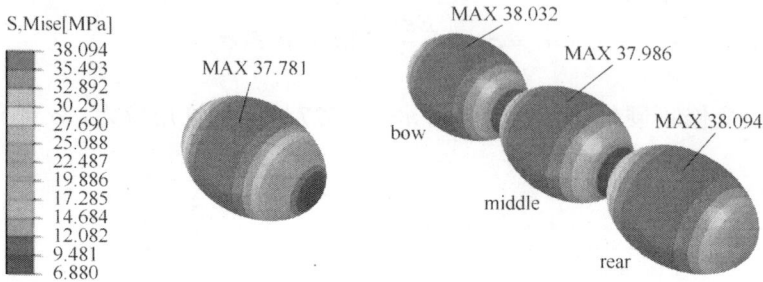

图 5.14　单蛋壳及三蛋壳应力分布

理想的交接三蛋壳体，可忽略轴偏差的影响，应为高度旋转对称的壳体，其应力云图如图5.14所示。各交接的壳体单元均与上述蛋形壳相同。三蛋壳的各壳体单元与单蛋壳的应力分布一致，均沿各壳体单元的旋转轴方向，首先缓慢增大，至最大处时（三蛋壳各壳体单元的中部），再缓慢减小。三蛋壳各壳体单元尖端和钝端的应力变化趋势与单蛋壳一致，均是从中部至钝端部分应力值略大于中部至尖端处的应力值。三蛋壳的各壳体单元的最大应力均出现在各蛋形壳的中部，其值分别为38.032MPa、37.986MPa、38.094MPa，各蛋形壳单元的最大应力几乎相等。同理，根据线弹性力学理论，承受外载荷与结构应力呈线性关系。可知该设计的三蛋壳结构极限强度载荷为21.788MPa，与单蛋壳结构极限强度载荷相差无几，也验证变协调设计理念对多蛋壳的极限强度载荷并不影响，且加强环肋交接处没有出现应力集中，也验证变形协调理念的正确性。此外，变协调理念是处于交接环肋参数确定的临界点，或是参数确定的保守值，将在后续研究进行求证。

根据Kitching蛋形壳结构的力学推导，单蛋壳的理论Mises应力值：

$$\sigma_s = \sqrt{\frac{1}{2} \cdot \left[\left(\frac{N_1 - N_2}{t} \right)^2 + \left(\frac{N_1}{t} \right)^2 + \left(\frac{N_2}{t} \right)^2 \right]} \tag{5-30}$$

式中，N_1、N_2为蛋形壳经、纬向内力；t为蛋形壳厚度。简化式（5-30），可获得单蛋壳中层面任一点的Mises应力值：

$$\sigma_s = \sqrt{\frac{(\sigma_1 - \sigma_2)^2 + \sigma_1^2 + \sigma_2^2}{2}} \tag{5-31}$$

式中，σ_1、σ_2为蛋形壳经、纬向内力。

　　为便于后续三蛋壳的强度理论研究，现将单蛋壳的数值与理论结果对比分析，比较二者计算结果，寻求理论研究三蛋壳极限强度的可能性。利用 ABAQUS 对三蛋壳及单蛋壳极限强度结果后处理。因单蛋壳和三蛋壳均属于高度旋转对称壳体，沿旋转轴方向上的轴向应力值相同，即可沿单蛋壳的旋转轴方向，依次按节点取应力值，且周向不重复。对于三蛋壳进行各壳体单元，相同方法依次按节点取应力值。研究蛋形壳应力的数值与理论结果比较，加强环肋处的节点可排除在外。此外，三蛋壳为对称交接，为较好地比对应力数值结果，需要对后处理的节点应力值进行处理并绘制曲线，使结果一目了然。现设定单蛋壳的短轴与旋转轴的交点为原点，蛋形壳尖端至钝端方向为正方向，蛋形壳的节点应力值作为二维坐标系中的纵轴值。按上述设定方式，对后处理的节点应力值绘制，如图 5.15 所示。

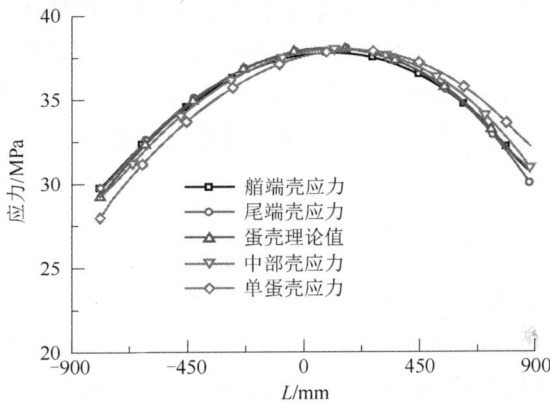

图 5.15　单蛋壳及三蛋壳各蛋形壳应力对比

　　对于单蛋壳沿旋转轴方向的应力变化趋势，从图 5.15 说明数值法与理论计算结果基本一致，二者最大悬殊小于 5.91%，三蛋壳的各壳体单元在环肋交接处的应力值要略低于单蛋壳相同位置的应力。也与应力云图显示一致，在交接处的厚度不均及边界棱角变化，在基于变形协调理念的设计下，不存在应力逆增大跳跃或应力集中的现象。相反，较单壳体同一位置的应力值要低，暗示变形协调设计理念下的加强环肋的尺寸参数处于保守值范围内。当加强环肋的尺寸参数过于保守时，环肋厚度偏大，加强环肋会相对各壳体单元刚度过大，使交接处的壳体内侧凹陷破坏，而环肋和壳体单元的中部仍处于线弹性阶段，会出现三蛋壳在交接处的应力呈增大跳跃趋势的情况。加强环肋尺寸参数不足时，即环肋厚度偏小，自身刚度不足，导致三蛋壳各壳体单元变形过大最终屈服破坏，加强环肋的应力大于任何一个壳体单元，会出现环肋处的应力集中情况。图 5.15 及三蛋壳的应力云图 5.14 并没有出现上述两种现象，说明变形协调设计理念下的加强环肋的尺寸参数处于合理范围内。一般多段交接耐压壳的极限强度载荷没有理论计算公式，对于多蛋壳的异形多段结构，仅从模型分析及试验研究对其强度的理论研究还是无从下手。单蛋壳与三蛋壳极限强度载荷相差仅 0.82%。见图 5.15，蛋形壳的应力云图及数值与理论对比，均显示单蛋壳极限强度的理论求解也适用于三蛋壳，三蛋壳作为多蛋壳模型的简化，以此类推，也可应用于多蛋壳的强度理论研究。

5.3　屈　曲　分　析

屈曲分析主要研究壳体结构的稳定性，确定结构失稳的临界屈曲模式及载荷，一般的薄壳耐压结构稳定性分析相对强度校核而言，是设计的主要因素。当壳体发生失稳时，整体结构会发生较大变形，设计之初的结构稳定性分析显得尤为重要。而对多段耐压壳的设计，环肋及壳体单元的外轮廓决定着整体结构的稳定性，壳体稳定性的重要性则尤为凸显。为研究多蛋壳的强度载荷及屈曲载荷二者比重，本章节对典型三蛋壳结构的稳定性研究分析，同样需以单蛋壳作为类比，研究三蛋壳线性屈曲模态及载荷，分析奇偶数阶屈曲模态及载荷的相关性，并为后续非线性屈曲分析的缺陷引入归类。

5.3.1　线性屈曲分析

为研究强度及稳定性的区别和可比性，本节对三蛋壳稳定性分析。壳体结构的稳定性分析，所施加壳体外部载荷的均布压力为 p_0=1MPa，单蛋壳及三蛋壳分析材料，参照现有深海耐压壳材料选为 Ti-6Al-4V（Tc4），许用应力$[\sigma]$=830MPa，弹性模量 E=110GPa，泊松比 μ=0.3。依据材料属性的应力应变公式，应变修正硬化参数 n=59.327。线性特征值屈曲分析是研究单蛋壳及三蛋壳线性屈曲载荷和模态的主要方法。单蛋壳及三蛋壳的线性屈曲模态及载荷如图 5.16、表 5.5 和图 5.17、表 5.6 所示。

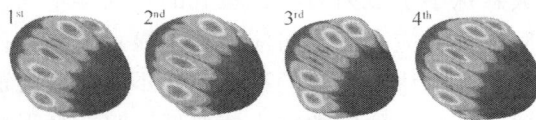

图 5.16　单蛋壳屈曲模态

表 5.5　单蛋壳屈曲载荷及纵波数

屈曲模态	屈曲载荷/MPa（波数 n）
1st	14.378（9）
2nd	14.378（9）
3rd	14.642（10）
4th	14.647（10）

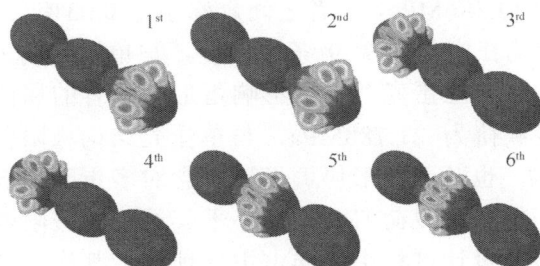

图 5.17　三蛋壳屈曲模态

表 5.6　三蛋壳屈曲载荷及纵波数

屈曲模态	屈曲载荷[MPa](波数 n)
1st	14.386（9）
2nd	14.387（9）
3rd	14.388（9）
4th	14.388（9）
5th	14.390（9）
6th	14.391（9）

如图 5.16、表 5.5，对于单蛋壳，相邻奇偶数阶的屈曲特征值几乎相等，即屈曲载荷相当，且对应的屈曲模态也相同。蛋形壳属于高度旋转对称异形壳的范畴，是一般壳体的延伸，其屈曲载荷 p_q 也可秉用一般壳体结构的屈曲载荷计算公式[8]，如下：

$$p_q = \frac{2Et^2}{(2\overline{R_1} - \overline{R_2}) \cdot \overline{R_2}} \cdot \sqrt{\frac{1}{3(1-\mu^2)}} \tag{5-32}$$

式中，$\overline{R_1}$、$\overline{R_2}$ 分别为蛋形壳第一、第二平均曲率半径值。

单蛋壳根据上述屈曲载荷计算公式求得屈曲载荷为 14.786MPa，由表 5.5 单蛋壳数值分析获得的临界屈曲载荷为 14.378MPa，二者相差仅为 2.76%。此外，对应单蛋壳的数值分析极限强度载荷为 21.968MPa，其理论应力值与数值结果悬殊小于 5.91%。因而，数值法及理论解析的屈曲载荷值均大幅小于结构的极限强度载荷值，说明结构稳定性分析在蛋形壳设计过程中占主导地位。图 5.15 显示第 1 阶屈曲模态在蛋形壳中间部分出现 9 条纵向波，与经典正高斯旋转壳体结构的失稳一致，纵波数目与壳体形状相关，如 Magnucki 和 Jasion 研究了半径为 1278mm 柱形壳体结构的屈曲模态，在其中部出现 34 条纵向波[9]。

如图 5.17、表 5.6 为多蛋壳结构的 6 阶屈曲载荷及相对应的屈曲模态。表 5.6 显示 6 阶屈曲模态对应的载荷基本相当，最大屈曲载荷为第 6 阶 14.391MPa，最小屈曲载荷为第 1 阶 14.386MPa，二者之间悬殊小于 0.03%。三蛋壳的 6 阶屈曲模态对应的蛋形壳单元均在中部出现 9 条纵向波，与单蛋壳的失稳模式一致，单就失稳模式，经过加强后的三蛋壳并不会影响蛋形壳原有的屈曲模态。此外，三蛋壳结构数值极限强度载荷为 21.788MPa，与单蛋壳结构极限强度载荷相差无几，二者悬殊仅为 0.82%，也验证变形协调设计理念对多蛋壳的极限强度载荷并不影响。数值求解三蛋壳的屈曲载荷值要大幅小于其结构的极限强度载荷值，说明结构稳定性分析在三蛋壳设计过程中同样占主导地位。其次，三蛋壳临界屈曲载荷 14.386MPa，单蛋壳临界屈曲载荷为 14.378MPa，二者相差仅为 0.06%，说明经过加强后的三蛋壳并不会影响蛋形壳原有的屈曲载荷。见图 5.17，三蛋壳奇数阶的屈曲模态及对应的屈曲载荷（1st、3rd、5th）与第 1 阶的临界屈曲载荷及模态一致，而偶数阶的屈曲模态及对应的屈曲载荷（2nd、4th、6th）与第 2 阶的屈曲载荷及模态相同，三蛋壳的奇偶阶与单蛋壳的第 1 阶、第 2 阶类比。上述现象，主要因为三蛋壳各交接的壳体单元外轮廓均与单蛋壳的外轮廓相同，虽去除两端，但在进行环肋加强交接后，三蛋壳整体结构的稳定性并没有受到大的影响，其研究可以使用单蛋壳进行类比分析。因此，三蛋壳的线性屈曲可以通过单蛋壳的数值或理论解析预见。当然，三蛋壳的多种模态形式暗示三蛋壳可能属于对缺陷中度或高度敏感结构，单一模态及多阶模态的叠加作为三蛋壳非线性屈曲分析的初始几何缺陷，应当予以充分考虑。

5.3.2　非线性屈曲分析

　　线性屈曲分析主要针对理想壳体结构的线弹性屈曲行为，并没有考虑材料非线性及初始几何缺陷，分析结果往往过于保守，同时也是作为非线性屈曲研究的先遣工作。初始缺陷是影响结构失稳的主要原因，其中，几何缺陷是临界屈曲载荷下降的最主要因素[9]，也是非线性屈曲缺陷设置的常用方式，引入初始缺陷可以更为准确地预测壳体破坏形式。其次，壳体结构的非线性屈曲分析，设置材料非线性可更贴近实际壳体塑性变形过程。一般壳体的非线性屈曲分析，主要通过弧长法对初始几何缺陷引入及材料非线性设置的缺陷分析，如 ENV 1993-1-6 (2007) 中介绍缺陷的引入规范[10]。

　　为此，单蛋壳非线性屈曲分析引入第 1 阶屈曲模态作为初始等效几何缺陷，作为比较，三蛋壳非线性屈曲分析分别引入 1st、2nd、3rd 单模态及三者多模态叠加作为初始等效几何缺陷。因而，三蛋壳非线性屈曲分析将引入 7 种初等几何缺陷。为更好比较缺陷引入分析结果，设置初始缺陷需定义缺陷因子。依据 ENV 1993-1-6 (2007) 规范，在针对最优级壳体非线性屈曲分析时，缺陷因子值应为壳体厚度的 2/3，本章节设置缺陷因子为 5mm。此外，材料为 Ti-6Al-4V (Tc4)，线性及非线性应力应变可根据公式设置。最终，三蛋壳非线性屈曲分析结果见表 5.7、图 5.18、图 5.19 和图 5.20。

表 5.7　几种缺陷下的三蛋壳临界屈曲载荷及后屈曲载荷

初始缺陷(屈曲模态)	临界屈曲载荷/MPa(纵波数 n)	后屈曲载荷/MPa
1st	7.067 (9)	3.433
3rd	7.041 (9)	3.459
5th	8.672 (9)	3.537
$1^{st}+3^{rd}$	7.033 (9)	3.626
$1^{st}+5^{th}$	7.030 (9)	3.466
$3^{rd}+5^{th}$	7.057 (9)	3.481
$1^{st}+3^{rd}+5^{th}$	7.060 (9)	3.480

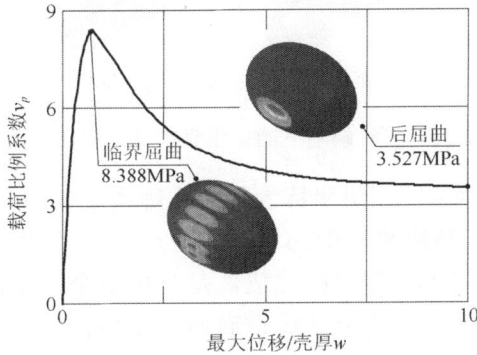

图 5.18　缺陷单蛋壳非线性屈曲平衡路径

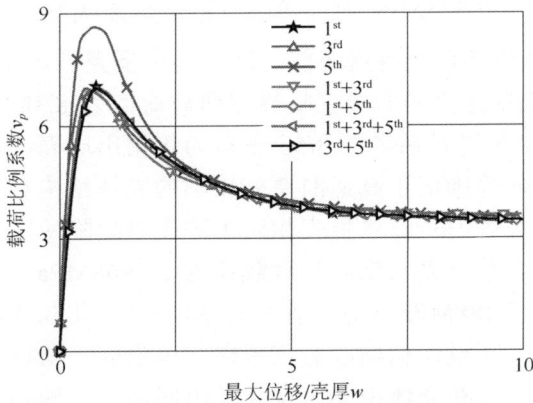

图 5.19　多种缺陷下三蛋壳非线性屈曲平衡路径

(a)多种缺陷下的三蛋壳临界屈曲模态

(b)多种缺陷下的三蛋壳后屈曲模态

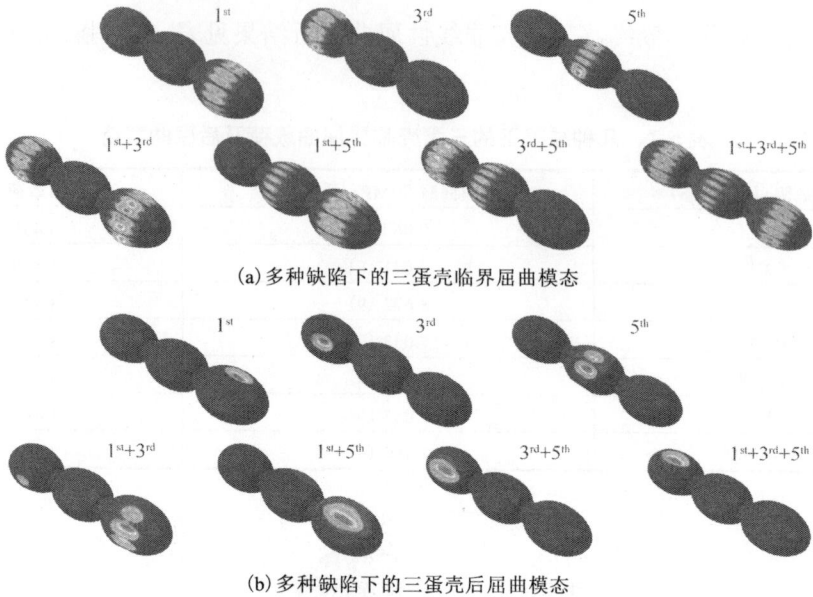

图 5.20　多种缺陷下的三蛋壳临界及后屈曲模态

图 5.18 为单蛋壳平衡路径，纵坐标为载荷比例系数(Load Proportional Factor)(施加初始外载荷为 1MPa，故纵坐标即为承载载荷)，横坐标为每一弧长步蛋形壳短轴方向上的最大位移量与蛋形壳厚度的比值，是分析整个外载荷施压过程中位移量与厚度之间关系的考量。观察单蛋壳非线性屈曲平衡路径，承载载荷首先呈近似线性急剧增大，当到达峰值点后(临界屈曲载荷点 8.388MPa)，急剧下降，之后趋于平缓下降。这种不稳定趋势符合大多数正高斯曲线的旋转壳体非线性屈曲形式[11]。此外，单蛋壳承受载荷 p_s^{fyp} =7.535MPa 时，单蛋壳中部最大应力首次达到屈服极限(830MPa)，在达到平衡路径峰值点之前，钛合金单蛋壳破坏属于弹塑性变形。

图 5.18 显示缺陷单蛋壳的非线性临界屈曲载荷值为 8.388MPa，单蛋壳线性屈曲载荷为 14.378MPa，前者是后者的 3/5。王自力等指出球壳试验载荷是理论载荷的 1/5~1/4。此外，Jasion 等确信正高斯曲率外轮廓的壳体结构对初始缺陷属于中度敏感，如卵形壳、椭球壳等[12,13]。单蛋壳相对于球壳对缺陷敏感性要低，但也同属于对缺陷中度敏感结构。单蛋壳的极限强度载荷为 21.968MPa，缺陷单蛋壳的非线性临界屈曲载荷值仅为 8.388MPa，是其前者的 38.18%，非线性屈曲载荷固然是壳体结构破坏的主导因素，在设计初期应着重考虑。单蛋壳平衡路径峰值点处的屈曲模态与线性屈曲一致，同样在壳体中部出现 9 条纵向波。平衡路径终点处的单蛋壳屈曲模态，在蛋壳中部出现凹坑。Blachut 在对椭球壳试验研究中发现，其最后失稳破坏发生在壳体中部[14]，如图 5.21 所示。同样，本实验小组对 303 不锈钢制作的单蛋

壳比例模型(B=160mm，B/L=0.69，L/e=45，t=1mm）试验研究，在单蛋壳中部出现凹坑，见图 5.22。

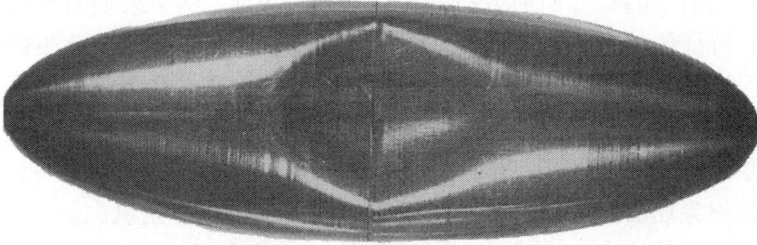

图 5.21　椭球壳体破坏形式

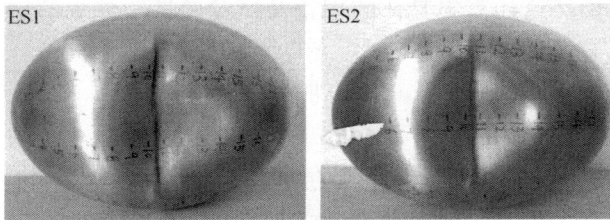

图 5.22　蛋形壳体破坏形式

Saullo 等指出初始等效几何缺陷在壳体屈曲分析中占重要角色[15]。根据三蛋壳线性屈曲分析的类比，将三蛋壳初始等效几何缺陷分为 7 种，如表 5.7 所示，依次以 1st、3rd、5th、1st+3rd、1st+5th、3rd+5th、1st+3rd+5th 单阶屈曲模态及多阶屈曲模态叠加作为初始几何缺陷。图 5.18 为三蛋壳在 7 种缺陷下的平衡路径，同样，纵坐标为载荷比例系数，横坐标为每一弧长步蛋形壳短轴方向上的最大位移量与蛋形壳体单元厚度的比值。三蛋壳在 7 种缺陷下的平衡路径，均呈现承载载荷首先呈近似线性急剧增大趋势，在到达峰值点后，急剧下降，之后趋于平缓下降，与单蛋壳的平衡路径一致，均属于正高斯曲线旋转壳体的典型非线性不稳定平衡路径。几种不稳定平衡路径的峰值点在 7.030～8.672MPa，是单蛋壳非线性临界屈曲载荷（8.388MPa）的 87%。Blachut 和 Smith 研究多段交接的柱形壳非线性屈曲载荷（13.90MPa）发现，其值是单个柱形壳（18.09MPa）的 76%[16]。此外，三蛋壳的极限强度载荷为21.788MPa，缺陷三蛋壳的非线性临界屈曲载荷值仅为 7.030MPa，是其前者的32.26%。对于三蛋壳，非线性屈曲载荷是壳体结构破坏的主导因素。此外，当三蛋壳承受载荷 p_s^{fyp}=6.265MPa 时，几种缺陷下的三蛋壳蛋形壳单元中部最大应力首次达到屈服极限，且均在达到平衡路径峰值点之前，表明钛合金三蛋壳与单蛋壳破坏形式一致，也是在塑性变形阶段发生失稳。

图 5.19 和表 5.7 显示，三蛋壳的第 1 阶屈曲模态作为初始几何缺陷，并不是最差

缺陷。除第 5 阶屈曲模态作为初始几何缺陷下的三蛋壳临界屈曲载荷最高外，其他几种缺陷下的临界屈曲载荷均小于第 1 阶屈曲模态缺陷下的临界屈曲载荷，而 $1^{st}+5^{th}$ 屈曲模态叠加缺陷下的临界屈曲载荷为最保守值。故而，结果表明对于线性屈曲具有近乎相同邻阶特征值的壳体，几种线性屈曲模态叠加的初始几何缺陷下的非线性屈曲载荷值最为保守，见表 5.7。第 5 阶屈曲模态作为初始几何缺陷下的三蛋壳临界屈曲载荷最高，结果表明，三蛋壳的两端蛋形壳单元要较中间蛋形壳单元更容易发生破坏。7 种缺陷下的三蛋壳非线性屈曲平衡路径峰值点处的临界屈曲模态，与单蛋壳平衡路径峰值点处的临界屈曲模态一致，均在壳体单元中部出现 9 条纵向波。同时，在 7 种平衡路径终点处的最终失稳模式，也与单蛋壳一致，均在各壳体单元的中部出现凹坑。这些现象暗示，三蛋壳的最终破坏载荷可以通过单蛋壳的最终破坏载荷乘以一个合理正系数推算获得，当然这还需更具体的理论及试验验证，并求解这一合理系数。

5.4　比例模型试验

比例模型试验研究，是前期理论及数值研究后续不可或缺的内容，旨在验证初期理论及数值结果，考证提出的变形协调一致准则，验证真实多蛋壳最终破坏形式及载荷值，是理论及数值研究的重要支撑。同时，考虑到试验设备匮乏，成功开发一台深海高压舱水压模拟设备，以解决大型设备带来的制作、操作与维修不方便，比例模型的试验精度很难保证，且价格昂贵等问题。选用制造工艺较为成熟的三维打印树脂多蛋壳作为静水压力试验对象，摒弃工艺性较差的不锈钢多蛋壳，以寻求具有研究价值的试验结果。优选树脂双蛋壳交接方式，应用变形协调设计理念，确定比例模型参数。进行几何缺陷的非线性屈曲分析，通过理论及试验验证数值计算及缺陷引入设置的可行性与参考价值，为多蛋壳结构抗压机制更深入研究提供基础理论及试验研究指导。

5.4.1　结构参数优选

前期研究发现蛋形壳单端或双端开孔，对其性能并不影响，考虑设备工作环境及比例模型制作价格，本章节以双蛋壳为例，进行理论、数值及试验研究。基于强度及稳定性分析对比，优选树脂双蛋壳交接方式，应用变形协调设计理念，确定比例模型参数。双蛋型交接耐压壳比例模型由两个相同的蛋形壳对称交接而成，参考一般深潜器壳体的结构尺寸，采用无肋骨壳体形式，几何模型如图 5.23 所示。选用与鹅蛋壳轮廓吻合程度较好的 Kitching 蛋形曲线，且取 $B/L = 0.69$；$L/e = 45$，双蛋壳交接形式分为尖端相交（图 5.23）、钝端相交两种。现将双蛋壳结构细化，其中主要几何参数包括：双蛋壳长度 L_m、宽度 B_m、蛋形壳厚度 t、加强环肋长度 L_r、双蛋壳交接开孔直径 R_r（即环肋外直径）和环肋厚度 t_r。

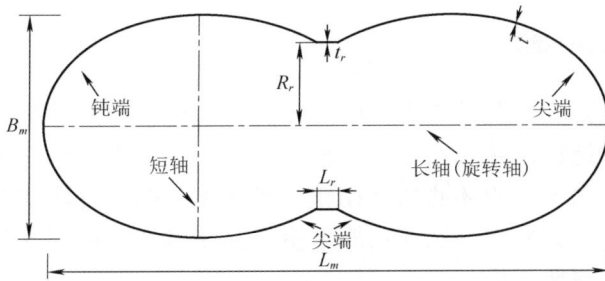

图 5.23　双蛋壳几何模型

1.　数值模型

运用 HyperMesh 软件，将双蛋壳比例模型各蛋形壳以古钱币形式划分，单元类型选为线性四边形单元 S4，且参考球壳单元平均尺寸与壳体半径最优比 0.07，确定蛋形壳网格单元最大尺寸 5mm，以提高分析计算精度，避免网格沙漏，网格模型如图 5.24 所示。此外，耐压壳体理想情况下不受任何约束，为消除模型的刚性位移，在 ABAQUS 软件对模型进行屈曲分析时，选择模型上不共线的三点，以限制六个方向的位移[16]。考虑树脂壳体承载压力不大，在进行壳体模型静压力分析时施加外部载荷 p_0=0.5MPa。而进行屈曲分析时，壳体模型外部可施加均布载荷 p_0=1MPa，材料设定为 8000 ABS 树脂，250～300 nm 波长照射下完成固化。许用应力 $[\sigma]$=20MPa，弹性模量 E=2600MPa，泊松比 μ=0.34。

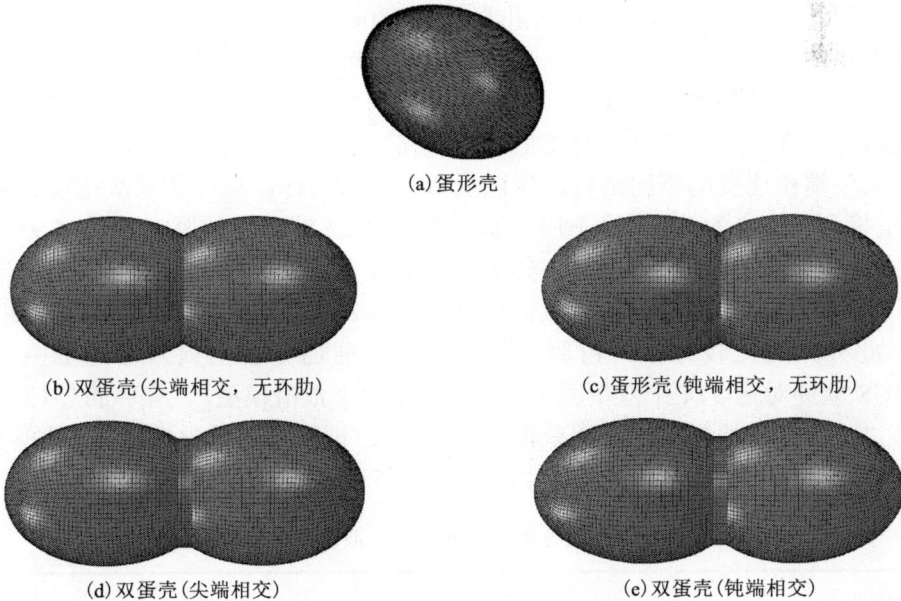

(a) 蛋形壳

(b) 双蛋壳(尖端相交，无环肋)　　　　　(c) 蛋形壳(钝端相交，无环肋)

(d) 双蛋壳(尖端相交)　　　　　(e) 双蛋壳(钝端相交)

图 5.24　网格模型

2. 环肋参数影响规律

针对树脂双蛋壳的比例模型进行应力分析，而属于薄壳异形结构的双蛋壳是否也符合上述一般性结论，其线性屈曲分析也必不可少。为此，基于后续比例模型试验，与变形协调理念设计的环肋尺寸比较。设计无环肋、有环肋加强的两种连接方式，分析环肋加强的必要性，优选树脂双蛋壳交接方式及结构参数。

1) 双蛋壳线性屈曲分析

一般的薄壳耐压结构稳定性分析相对强度校核而言，是设计的主要因素。当壳体发生失稳时，整体结构会发生较大变形，设计之初的结构稳定性分析显得尤为重要。针对树脂双蛋壳的比例模型进行应力分析，而属于薄壳异形结构的双蛋壳是否也符合上述一般性结论，其线性屈曲分析必不可少。此外，根据交接环肋尺寸参数的正交试验，显示对于多段交接的蛋形耐压壳体结构，环肋对其稳定性分析影响较大。

为此，基于后续比例模型试验，与变形协调理念设计的环肋尺寸比较。现设计无环肋、有环肋加强的两种连接方式，分析环肋加强的必要性。一种是无环肋连接：建立双蛋壳钝端相交（数值模型见图 5.24（c））、尖端相交（数值模型见图 5.24（b））模型；主要几何参数：蛋形壳宽度 B_m=160mm，单蛋形壳长度 L=232mm，蛋形壳厚度 t=2mm（树脂塑性较差，t 为 1mm、1.5mm 时，因试验仪器精度束缚，前期试验结果误差较大，故此对理论、数值及试验结果更有比较及参考价值，优选 t=2mm），蛋形壳偏心距 e=5mm，双蛋壳交接开孔直径 R_r=60mm，环肋长度 L_r=0mm。另一种为有环肋连接的树脂双蛋壳：考虑试验比例模型的造价及试验参考价值，拟先进行数值计算环肋尺寸参数的影响规律，再与变形协调理念设计的环肋尺寸作比较，进而优选几组典型环肋尺寸进行比例模型试验研究，以验证数值及理论的参考价值。考虑钝端及尖端相连接的不同结构，先以蛋形壳尖端对称，与环肋依次连接的耐压结构（数值模型见图 5.24（d）），且不同环肋长度 L_r（表 5.8）和环肋厚度 t_r（表 5.9）组合的共 256 个双蛋壳（尖端相交）模型，其蛋形壳主要几何参数与无环肋连接的蛋形壳相同。同样，建立蛋形壳钝端相交（数值模型见图 5.24（e））的 256 个双蛋壳（钝端相交）模型。此外，为比较分析，树脂单蛋壳的线性屈曲分析也列入讨论范围。利用 ABAQUS 软件对这 514 个双蛋壳模型（无环肋（2 个数值模型）、有环肋（512 个数值模型））进行线性屈曲求解，分别获得这两种交接（钝端相交、尖端相交）形式下，不同环肋参数模型的临界屈曲模态及载荷，如图 5.25 所示。

表 5.8　环肋长度 L_r 取值

L_r/mm	5	10	15	20	25	30	35	40

破坏形式，环肋刚度过大，即环肋厚度偏大，致使交接处的壳体内侧凹陷破坏，而环肋和壳体单元的中部仍处于线弹性阶段。易见，该曲线并没有出现第二种破坏，在应力分析部分已经给出出现第二种破坏的可能，将在后续研究中进行，本节不再赘述。临界点之后以环肋厚度 6.5mm 为例，见图 5.27 中 S-2(尖端交接)和 B-2(钝端交接)，其临界屈曲载荷已达最大值，且结构失稳均发生在交接的蛋形壳中部，与单蛋壳的失稳模式一致。单蛋壳的线性临界屈曲载荷为 0.701MPa，与环肋加强后的双蛋壳相比，仅高出 1.7%。结果表明，经过环肋加强后的开孔双蛋壳，其临界屈曲载荷及失稳模式已基本趋于完整单蛋壳。

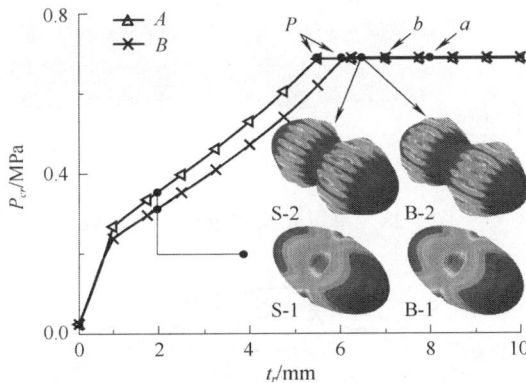

图 5.27　加强肋厚度 t_r 对双蛋壳临界屈曲载荷的影响规律(L_r=15mm)

S-1 和 S-2：尖端相交双蛋壳环肋厚度 2mm 和 6.5mm 下的屈曲模态

B-1 和 B-2：钝端相交双蛋壳环肋厚度 2mm 和 6.5mm 下的屈曲模态

考虑试验设备高压舱内部适用尺寸，及环肋长度与厚度的典型影响曲线的变化趋势，选取环肋长度 L_r=15mm，根据变形协调理念进行环肋厚度尺寸的确定，可以分别获得尖端相交双蛋壳的环肋厚度 7mm，钝端相交双蛋壳的环肋厚度 8mm。图 5.27 曲线中的 a、b 两点即为钝端、尖端相交双蛋壳环肋厚度的理论取值。a、b 两点均处于临界点之后，表明根据变形协调的设计理念计算的结果较为保守稳妥。

2) 双蛋壳强度分析

多蛋壳的变形协调设计理念，旨在不破坏蛋形壳原有的力学特性，增加耐压壳的内部空间。完整单蛋壳在开孔加强后力学特性的变化程度，受加强肋的设计方法的绝对影响，而变形协调设计理念能否克服蛋形壳力学特性的改变，亟须通过开孔加强后的三蛋壳的力学特性研究来获得答案，已针对钛合金单蛋壳及三蛋壳进行了应力分析，结果验证了上述推论，变形协调设计理念能克服蛋形壳力学特性的改变，使开孔加强后的多蛋壳力学特性与完整单蛋壳无异。当然，理论推导及数值演算不足以说明问题，本章将以树脂双蛋壳比例模型为例进行耐压试验。试验研究率先对其进行应力分析，以为后续试验研究及理论计算作比较，考量三者之间的可施行价值。根据壳体理论应力计算及数值计算的后处理，比较分析结果如图 5.28、图 5.29 所示。

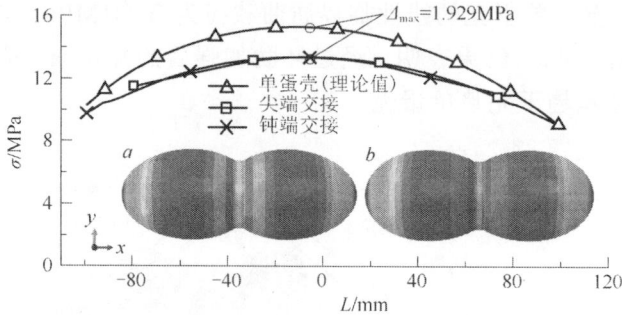

图 5.28　单蛋壳及双蛋壳应力比较

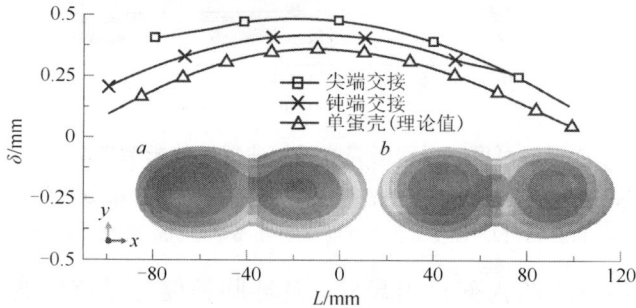

图 5.29　单蛋壳及双蛋壳位移比较

以树脂双蛋壳(钝端、尖端两种交接方式)为例进行强度数值分析。同样，双蛋壳也为理想高度旋转对称壳体，可忽略轴偏差的影响，其应力云图如图 5.28(a 为钝端交接、b 为尖端交接)所示。与钛合金三蛋壳及单蛋壳的应力分布趋势类似，均沿各壳体单元的旋转轴方向，先缓慢增大，至最大处时(各壳体单元的中部)，再缓慢减小。依据应力云图，不难发现树脂双蛋壳的两壳体单元的最大应力均出现在蛋形壳的中部，其值分别为 13.368MPa(钝端交接)、13.376MPa(尖端交接)，两种交接方式的最大应力基本相等。依据蛋形壳应力求解的方法，如图 5.28 所示，最大应力与数值求解最大应力处一致，且分布趋势相同，最大应力值为 15.297MPa，与数值结果相差 1.929MPa。同样，根据线弹性力学理论，承受外载荷与结构应力呈线性关系，树脂双蛋壳数值求解的结构极限强度载荷为 0.748MPa，理论求解的树脂双蛋壳结构极限强度载荷为 0.654MPa, 单就树脂双蛋壳的比例模型而言, 理论求解结果要较数值分析结果保守一些。

图 5.29 为树脂双蛋壳数值及理论位移量, 二者位移量变化计算结果趋势基本一致, 最大位移量均出现在蛋形壳中部(理论值为 0.361mm, 钝端交接为 0.418mm, 尖端交接为 0.483mm), 与上述最大应力处相符。理论计算值沿蛋形壳旋转轴变化趋势较为平缓, 数值结果在交接处有略微变大, 也暗示变形协调理念设计的树脂环肋尺寸较为保守, 可能趋近于多段交接壳体的第二种破坏形式, 即环肋刚度过大, 导致交接处的壳体内侧凹陷破坏, 而环肋和壳体中部仍处于线弹性阶段。当然, 分析理论计算过程也容易得知, 以面积代替积分的过程会使位移量偏大一些, 这也是导致最大应力较数值结果略大位移量反而偏大现象的原因。单就考虑设计之初的极限强度载荷而言, 理论计算是可取的, 在基于变形协调理念的设计过程中, 理论所得的位移量也应当属于保守设计。

3. 模态缺陷非线性屈曲

5.3 节已针对钛合金三蛋壳及单蛋壳进行了非线性屈曲分析, 本节主要针对优选的树脂双蛋壳进行几何缺陷的非线性屈曲分析, 旨在通过试验验证数值计算及缺陷设置的可行性和参考价值。线性屈曲分析主要针对理想壳体结构的线弹性屈曲行为, 分析结果往往过于保守。缺陷是影响结构失稳的主要原因, 其中几何缺陷是临界屈曲载荷下降的最主要因素, 引入初始缺陷可以更为准确地预测壳体破坏形式。

本小节针对树脂双蛋壳的非线性屈曲分析同第 4 章提到的缺陷引入方法一致。而考虑到 3D 打印树脂蛋壳的工艺较为成熟, 实际壳体外轮廓要较好地趋近完美壳体, 故仅以线性一阶屈曲模态作为几何初始缺陷。选取上述通过理论确定的环肋尺寸, 建立两种双蛋壳模型, 主要尺寸参数如下: 钝端相交形式, 环肋长度 L_r=15mm, 环肋厚度 t_r=8mm; 尖端相交形式, 环肋长度 L_r=15mm, 环肋厚度 t_r=7mm。此外, 根据欧洲标准规范(ENV 1993-1-6), 设定缺陷因子 0.5mm。利用 ABAQUS 软件计算双蛋壳非线性屈曲行为, 前期已比较了非线性屈曲分析的两种求解方法, 给出提高计算效率并切实可行的方法。选取第一阶屈曲模态作为初始缺陷, 分析结果如图 5.30 所示。

如图 5.30, 两条双蛋壳(钝、尖端)非线性屈曲平衡路径。纵坐标为载荷比例系数(LPF)(施加初始外载荷为 1MPa, 故纵坐标即为承载载荷), 横坐标为每一弧长步蛋形壳短轴方向上的最大位移量与蛋形壳厚度的比值, 是分析整个外载荷施压过程, 位移量与厚度之间关系的有利考量。

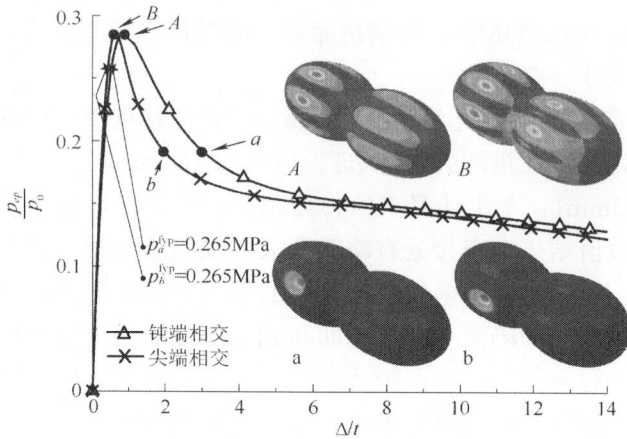

图 5.30　双蛋壳(钝、尖端)非线性屈曲平衡路径

　　观察树脂双蛋壳施加初始几何缺陷的非线性屈曲平衡路径,对于双蛋壳,承载载荷首先呈近似线性急剧增大,当到达峰值点后(临界屈曲载荷点 0.285MPa(钝端、尖端两种交接方式的载荷值相等))急剧下降,且尖端相交的双蛋壳下降较为明显,之后趋于平缓下降。这种不稳定趋势符合大多数正高斯曲线的旋转壳体非线性屈曲形式。双蛋壳的非线性临界屈曲载荷(0.285MPa)是线性临界屈曲载荷(0.689MPa/0.687MPa)的 2/5,这意味着双蛋壳属于中度敏感结构,与 5.3 节讨论的三蛋壳与单蛋壳缺陷敏感度一致,也证明变形协调理念并不会改变蛋形壳开孔连接后结构的失稳及缺陷敏感特性。其次,根据线弹性理论载荷与应力的线性关系,易获取树脂双蛋壳的极限强度载荷为 0.795MPa,为非线性临界屈曲载荷的 2.7 倍,设计之初的缺陷非线性屈曲分析必不可少。

　　此外,当双蛋壳承受载荷 p_s^{typ}=0.265MPa 时,最大应力(蛋形壳中部)首次达到屈服极限(19.5MPa),均在达到临界屈曲载荷点之前(图 5.29),表明树脂双蛋壳与钛合金三蛋壳及单蛋壳破坏形式一致,也是在塑性变形阶段发生失稳。

　　图 5.30 中 A 图为双蛋壳(钝端相交)临界屈曲点模态,B 图为双蛋壳(尖端相交)临界屈曲点模态。与钛合金三蛋壳及单蛋壳临界屈曲模态一致,均在各蛋形壳单元的中部发生失稳。平衡路径的峰值点后(临界屈曲载荷点 A、B)的后屈曲模态,在双蛋壳的一个蛋形壳单元中部出现凹坑,并最终失效,见图 5.30 中的 A、B 模态图。根据图 5.30 中的 A、B 模态图,单就设置初始几何缺陷下的非线性屈曲分析,尖端相交的双蛋壳平衡路径在越过临界点后下降较钝端交接的双蛋壳明显,另外,两种交接方式的双蛋壳缺陷非线性前屈曲及后屈曲模态及载荷基本相同,且两种交接方式的树脂双蛋壳破坏形式与钛合金三蛋壳及单蛋壳后屈曲及最终失稳模式基本一致。变形协调理念对双蛋壳进行开孔环肋加强后其临界屈曲载荷及失稳模式已基本趋于完整单蛋壳。

5.4.2　真实壳体稳定性分析

考虑真实缺陷下的壳体稳定性分析，是比例模型静水压力试验不可或缺的预研究，也是试验与引入缺陷非线性分析的桥梁。通过三维扫描试验及后处理软件，获得真实双蛋壳比例模型的外轮廓，比较理想壳体并考量真实双蛋壳制造误差，为后续试验研究提供分析基准。

1.　三维扫描试验

联系深圳某未来工厂厂家，采用 3D 打印技术加工 6 件树脂材料的尖端交接双蛋壳比例模型（表 5.10），为方便取出支撑物，均在双蛋壳一端开孔，三维扫描及静水压力试验时，用胶水将其连接，其理想尺寸参数如表 5.11 所示。

表 5.10　双蛋壳比例模型

无环肋	环肋厚度 2mm（L_r=15mm）	环肋厚度 7mm（L_r=15mm）
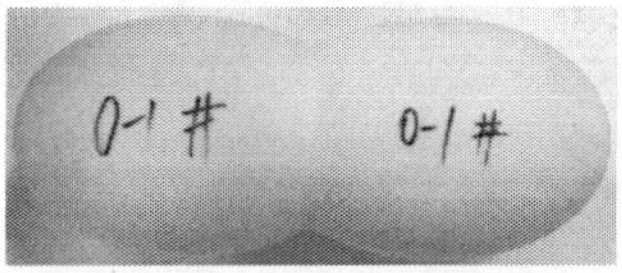 0-1#	 2-1#	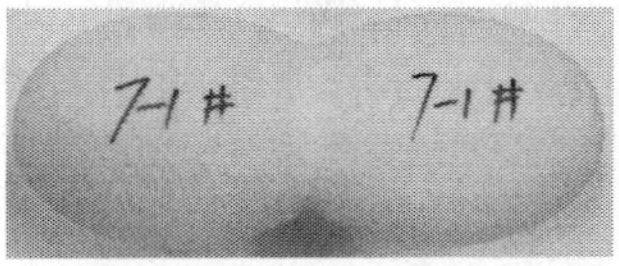 7-1#
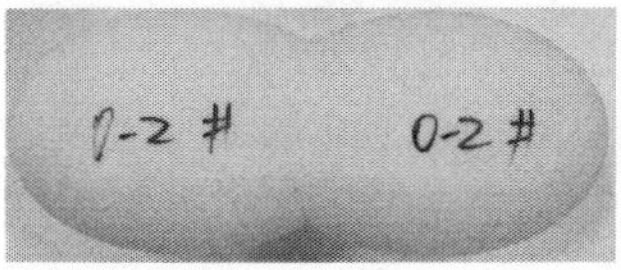 0-2#	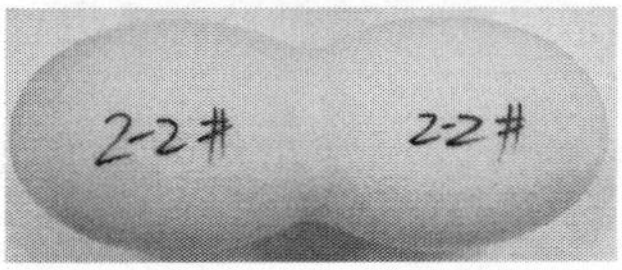 2-2#	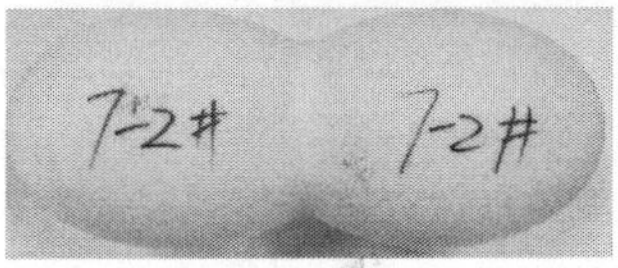 7-2#

表 5.11　双蛋壳比例模型几何参数

序号	理想壳体厚度 t/mm	环肋长度 L_r/mm	环肋厚度 t_r/mm
0-1#	2	0	0
0-2#	2	0	0
2-1#	2	15	2
2-2#	2	15	2
7-1#	2	15	7
7-2#	2	15	7

试验仪器选用 Open Technologies 公司的手动三脚架 3D 扫描仪（单笔扫描范围为 150mm×115mm×150mm；扫描仪像素为 200MPx；精度为 0.02mm），针对已制作的 6 个双蛋壳样本，规范操作，获得三维模型，如图 5.31 所示。

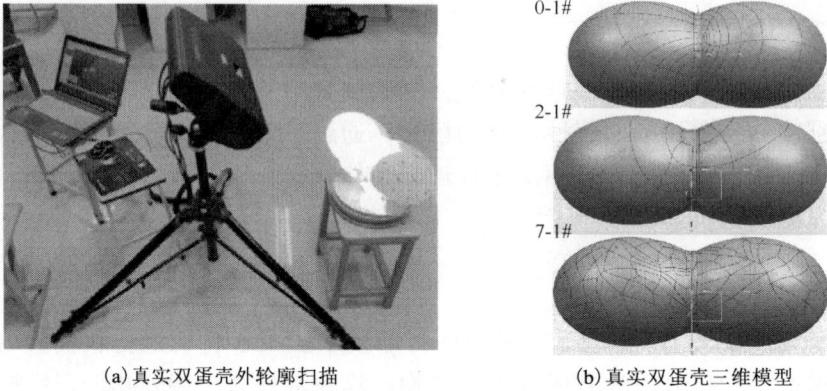

(a)真实双蛋壳外轮廓扫描　　　　　　(b)真实双蛋壳三维模型

图5.31　三维扫描试验

针对6个双蛋壳样本，随机截取沿样本旋转轴的三个截面。其截面的外形线即为经络线，所在面夹角互为120°，由此可避免选取蛋经线过于集中，2-1#双蛋壳样本所在三个截面的蛋形经络线，如图5.32所示。每个样本的三条蛋壳经络线及与Kitching蛋形曲线的相互皮尔逊相关系数，如表5.12所示。

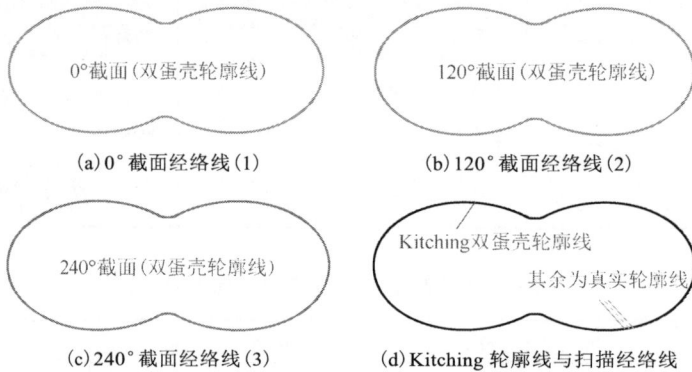

(a)0°截面经络线(1)　　　　　　　　(b)120°截面经络线(2)

(c)240°截面经络线(3)　　　　　　　(d)Kitching轮廓线与扫描经络线

图5.32　2-1#号双蛋壳上的三条蛋形经络线

表5.12　双蛋壳轮廓线的相互皮尔逊相关系数（PPMCC）

序号	经络线1-2	经络线1-3	经络线2-3	均值-理想轮廓
0-1#	0.99999	0.99998	0.99998	0.99997
0-2#	0.99998	0.99999	0.99997	0.99999
2-1#	0.99995	0.99992	0.99994	0.99992
2-2#	0.99999	0.99995	0.99996	0.99991
7-1#	0.99994	0.99999	0.99994	0.99991
7-2#	0.99997	0.99997	0.99996	0.99992

　　从表 5.12 中可得，每个样本的三条双蛋壳经络线的相互皮尔逊相关系数均大于 0.999，且与 Kitching 蛋形曲线的相互皮尔逊相关系数也大于 0.999，证明制作的双蛋壳是高度对称的旋转壳，并与 Kitching 蛋形曲线高度一致。

　　此外，Gom Inspect 三维检测软件，常作为三维扫描后处理，用于检测对象与理想轮廓的误差，分析结果如图 5.33 所示，图标为真实双蛋壳与理想轮廓基于曲率半径的误差及误差频率。相同轮廓的真实双蛋壳误差及各误差段出现的频率近乎一致，说明加工过程中并没有出现较大波动，相同参数的两个真实蛋壳在后续试验中，具备相互参考性。0-1#和 0-2#双蛋壳与理想轮廓最大曲率半径误差为 0.24mm，误差在 0.04～0.16mm，占总误差段的 98%以上，其中两顶端误差最大。2-1#和 2-2#最大曲率半径误差为 0.42mm，误差多在 0.06～0.36mm。7-1#和 7-2#最大误差 0.58mm，误差在 0.20mm 左右占绝大多数。考虑三维扫描设备精度 0.02mm，后处理曲面造型及软件系统精度误差，可以确定该六个双蛋壳比例模型近乎完美壳体，可以用于静水压力试验研究，其结果具有较高参考价值。

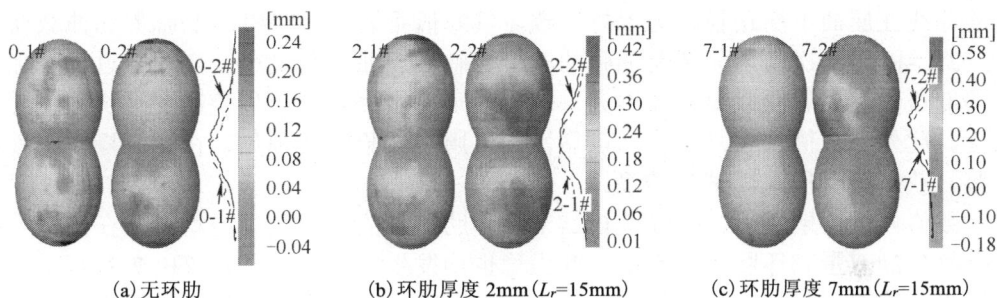

(a) 无环肋　　　　　　　　(b) 环肋厚度 2mm (L_r=15mm)　　　　　　(c) 环肋厚度 7mm (L_r=15mm)

图 5.33　误差检测

2. 非线性屈曲分析

　　针对已制作的 6 个双蛋壳样本，分别标记：0-1#，0-2#，2-1#，2-2#，7-1#，7-2#。因逆向工程获得的模型由许多不规则的曲面片拼接而成，网格划分时采用自由划分，局部调整。本节数值模型均为真实双蛋壳，近乎理想壳体，因此无须考虑设置初始几何缺陷。各模型具体参数见表 5.10，壳体厚度暂定为理想值 2mm，材料设定为 8000 ABS 树脂，许用应力[σ]=20MPa，弹性模量 E=2600MPa，泊松比 μ=0.34。分析结果如图 5.34 所示。

　　如图 5.34 所示，7-1#，7-2#真实双蛋壳非线性屈曲平衡路径。纵坐标为载荷比例系数(LPF)(施加初始外载荷为 1MPa，故纵坐标为承载载荷)，横坐标为每一弧长步蛋形壳短轴方向上的最大位移量与蛋形壳厚度的比值，是分析整个外载荷施压过程中位移量与厚度之间关系的有利考量。

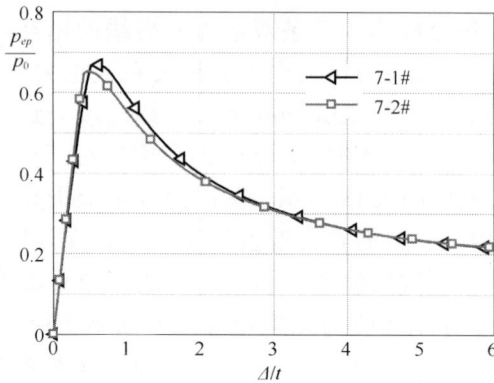

图 5.34　真实双蛋壳非线性屈曲平衡路径

观察真实双蛋壳非线性屈曲平衡路径，承载载荷首先呈近似线性急剧增大，当到达峰值点后，急剧下降，之后趋于平缓。这种不稳定趋势符合大多数正高斯曲线的旋转壳体非线性屈曲形式，与上述缺陷非线性屈曲分析结果相同。三种类型双蛋壳的非线性屈曲平衡路径趋势保持一致，仅峰值不同，7-1#和 7-2#临界屈曲载荷最大，2-1#和 2-2#次之，无环肋加强的双蛋壳临界屈曲载荷最小，表明经过环肋加强后的双蛋壳临界屈曲载荷明显增大，且趋近于单蛋壳，进一步验证变形协调理念实用性。此外，数值结果具备较高可靠性，可用于试验结果预见，在试验操作过程可借鉴，获得更有价值性试验结果。

数值分析结果表明，0-1#和 0-2#未经环肋加强的双蛋壳失稳均发生在交接处；2-1#和 2-2#双蛋壳环肋刚度不足，其失稳也均发生在交接处；7-1#和 7-2#基于变形协调设计的双蛋壳，一个蛋形壳单元中部出现凹坑，远离交接处并最终失效，与试验结果比较在 5.4.3 节详细讨论。综合分析，六个真实双蛋壳，相同参数的两个数值模型间非线性屈曲行为均呈现较好的一致性，分析结果可重复性较好，较可靠。

5.4.3　试验结果与分析

多蛋壳试验研究，是前期理论及数值研究后续不可或缺的内容，旨在验证初期理论及数值结果，考证提出的变形协调一致准则，验证实际多蛋壳最终破坏形式及载荷值，是理论及数值研究的重要支撑。

将树脂双蛋壳置于本实验室开发的高压舱水压模拟设备舱体内，外接水泵，先将舱体内腔注入清水，且不宜过满，留足上端封盖可顺利与舱体啮合的空间。由于试验对象为树脂双蛋壳，在高压舱中的浮力较大，若直接进行压力试验，高压舱盖会对球壳顶部产生扰动力，影响试验结果。为此，使用材质柔软的网兜包住壳体，并在下端挂上重物，保证悬浮在水中。接通换向阀，上下移动装置动作，将舱体密封，打开高压针阀，并继续通过气液增压泵对舱体内腔注水加压。待有清水从高压针阀流出后，关闭高压针阀。试验对象为树脂双蛋壳，考虑破坏压力较小，增压不宜过快，采用手动阀逐步加压，一旦舱体内出现瞬间压降，停止加压，调节高压针阀对舱体内腔泄压，最后打开上端封盖，取出被测树脂双蛋壳。规范操作，0-1#和0-2#双蛋壳比例模型静水压力试验过程，高压舱内腔压力变化，如图 5.35 所示。

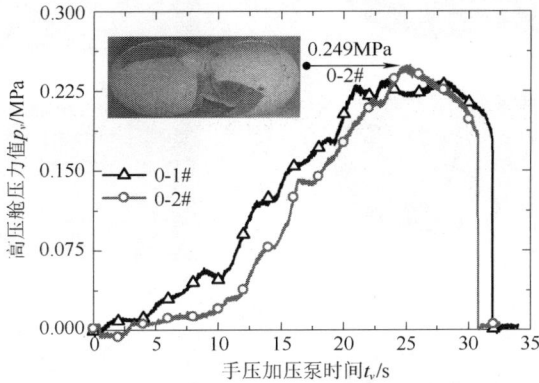

图 5.35　0-1#和 0-2#双蛋壳静水压力试验

如图 5.35 所示，为 0-1#和 0-2#双蛋壳比例模型静水压力试验，高压舱内压力曲线，横坐标为数据采集时间，纵坐标为高压舱内压力值，因树脂双蛋壳破坏载荷较小，选用手动加压方式，压力曲线呈现锯齿式增加趋势。曲线峰值即为样本破坏时的最大外压载荷。0-1#与 0-2#相同尺寸参数的破坏时最大外压载荷相差仅为 5.2%，同样，2-1#与 2-2#、7-1#与 7-2#相差分别为：11.6%、2.8%。因此，针对制造的六个双蛋壳，相同参数的两个样本高压舱内压力曲线，趋势及峰值均呈现较好的一致性，试验结果可重复性较高。

静水压力试验后，通过螺旋测微器测量壳体真实厚度，选取 40 个壳体离散点，测量结果如表 5.13 所示。结果表明，相同轮廓的真实双蛋壳厚度均值较相近，离散程度也近乎一致，说明在加工同类型模型时并没有出现较大波动，相同参数的两个真实双蛋壳在本次试验中，具备相互参考性。考虑螺旋测微器精度为 0.01mm，且树脂质地较软，尖端测微器势必使测量值偏小，综合分析可以论定试验对象为完美壳体，真实非线性屈曲分析的厚度设置为 2mm 较为合理，其分析及试验结果具有较好研究价值。真实双蛋壳的非线性屈曲模态及载荷与试验结果，如图 5.36、图 5.37、表 5.14 所示。

表 5.13　真实双蛋壳壳体厚度

类别	无环肋		环肋厚度 2mm (L_r=15mm)		环肋厚度 7mm (L_r=15mm)	
样本号	0-1#	0-2#	2-1#	2-2#	7-1#	7-2#
最小值/mm	1.859	1.886	1.880	1.880	1.890	1.898
最大值/mm	2.210	2.204	2.045	2.034	2.058	2.080
平均值/mm	1.964	1.979	1.969	1.965	1.951	1.963
方差	0.006	0.005	0.001	0.001	0.001	0.002

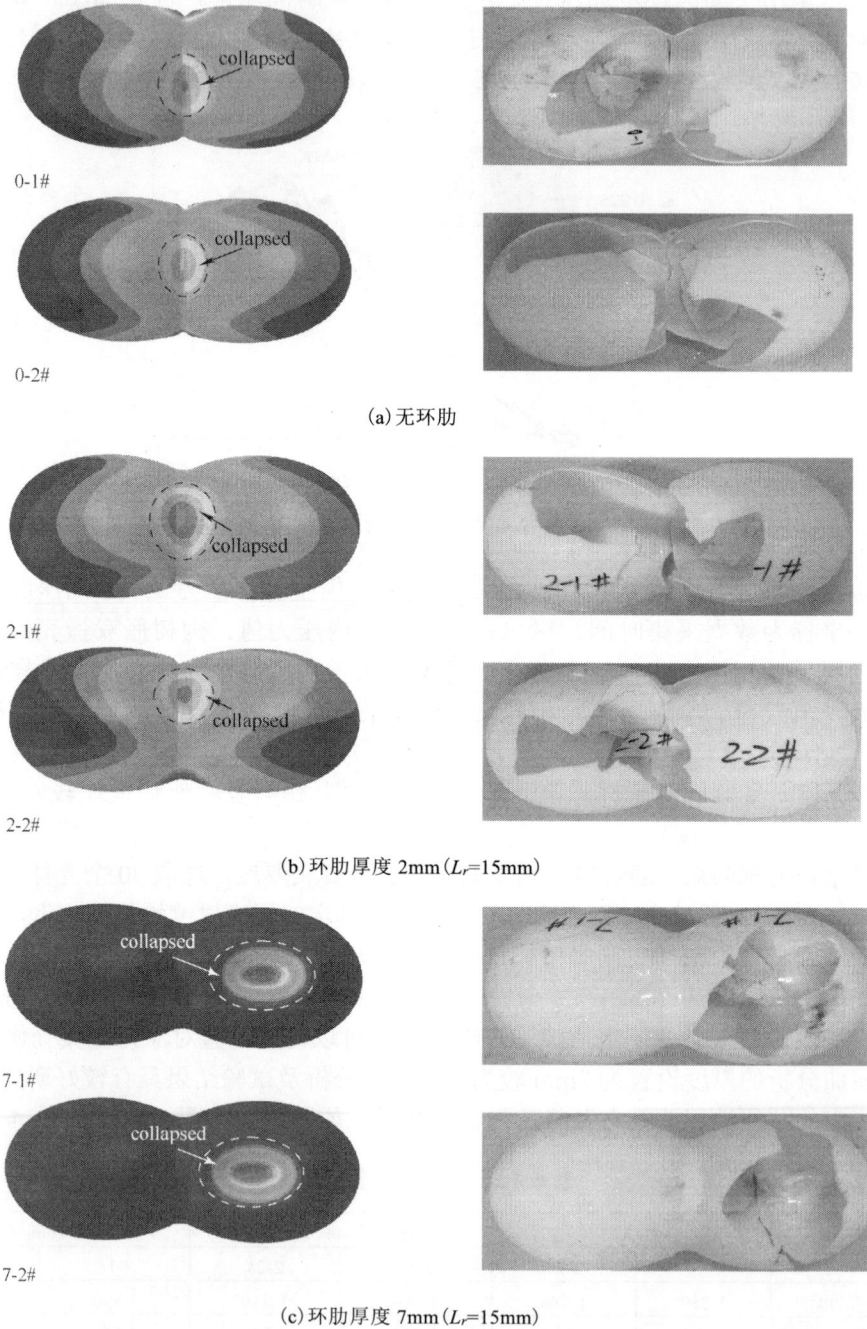

0-1#

0-2#

(a)无环肋

2-1#

2-2#

(b)环肋厚度 2mm(L_r=15mm)

7-1#

7-2#

(c)环肋厚度 7mm(L_r=15mm)

图 5.36　数值与试验结果

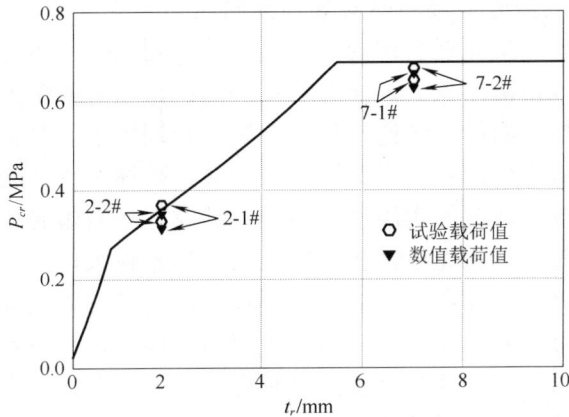

图 5.37　加强肋厚度 t_r 对理想双蛋壳临界屈曲载荷的影响规律（L_r=15mm）

表 5.14　数值与试验载荷值

类别	无环肋		环肋厚度 2mm（L_r=15mm）		环肋厚度 7mm（L_r=15mm）	
样本号	0-1#	0-2#	2-1#	2-2#	7-1#	7-2#
数值/MPa	0.218	0.219	0.327	0.331	0.669	0.652
试验/MPa	0.236	0.249	0.386	0.341	0.659	0.678
相差/v	7.6%	11.9%	15.1%	2.8%	1.5%	3.6%

如图 5.36、表 5.14，分别为 0-1#与 0-2#、2-1#与 2-2#、7-1#与 7-2#对应的数值与试验结果。图 5.36（a）和（b），0-1#与 0-2#、2-1#与 2-2#失稳均发生在交接处，且与试验结果一致。图 5.36（c），7-1#与 7-2#比例模型均在一个蛋形壳单元中部出现凹坑，且远离交接处，并最终失效，同样，试验结果也具有较好一致性。因树脂材料塑性一般，延展性较差，具有一定脆性，最终破坏形式均存在崩裂，双蛋壳比例模型破坏面积较大，属正常现象。此外，试验样本一端的胶水连接处均未出现破坏，且端部也未见裂痕，表明端部开孔且胶水连接后，并未对试验结果产生影响。

0-1#与 0-2#双蛋壳试验与数值结果相差分别为 7.6%、11.9%，二者结构参数一致，数值相差小于 0.5%，试验结果相差 0.52%。2-1#与 2-2#试验与数值结果相差分别为 15.1%、2.8%，数值相差小于 1.2%，而试验结果相差 11.6%，横向及纵向分析均显示 2-1#双蛋壳试验载荷值略大，考虑试验传感器及三维扫描精度，属于合理范围内，具备参考性。7-1#与 7-2#试验与数值结果相差分别为 1.5%、3.6%，数值相差 2.5%，而试验结果相差 1.3%。试验与数值结果具有高度一致性，且相同结构参数的两个比例模型，数值和试验均呈现较高的一致性，充分说明数值计算和试验过程及结果具有可重复性。

图 5.37 为理想双蛋壳交接环肋对其临界屈曲的影响规律。真实双蛋壳的试验及数值载荷值均与理想双蛋壳近乎相同，也较好地说明真实双蛋壳制作工艺成熟，近乎完美，验证了三维检测结论。2-1#真实双蛋壳试验载荷值略大于理想双蛋壳，试验结果存在误差，与上面得出结论一致，但属于合理范围，具备参考价值。综合上述分析，双蛋壳在基于变形协调理念设计后，最终破坏远离环肋交接处，试验与数值验证了变形协调设计理念的实用性。然而，针对理想双蛋壳模态缺陷非线性屈曲分析，临界屈曲载荷与真实壳体试验及数值结果相差较大，引入初始几何缺陷具有一定的参考性，但仍需寻找合适的缺陷数学模型，给予与真实壳体缺陷更合适的等效范围，以获取更有价值的研究。针对六个双蛋壳样本，比较数值分析及试验结果发现，基于弧长法的数值计算与试验结果具有良好一致性，考虑真实形状和厚度的非线性有限元分析可用于分析预测真实壳体的屈曲行为。

5.5　本　章　小　结

首先研究多蛋壳几何参数影响规律，将多蛋壳分析模型简化为典型的双蛋壳或三蛋壳。其次，为避免出现交接环肋刚度过大或不足，使壳体开孔处的变形量与完整壳体一致，保障交接后的蛋形壳的力学性能及稳定性不受影响，提出蛋形壳开孔前后变形一致的设计理念。最后，基十理论、数值及试验研究多蛋壳力学特性，结论如下。

(1)三蛋壳的各壳体单元与单蛋壳的应力分布一致，数值结果与理论值基本一致，二者最大相差小于 5.91%。环肋交接处不存在应力增大跳跃或应力集中的现象，表明变形协调理念设计下的加强环肋尺寸参数处于合理范围内。

(2)三蛋壳线性及非线性屈曲行为与单蛋壳具有较高相关性。三蛋壳最终失稳载荷值略低于单蛋壳，临界屈曲载荷及模态可以通过单蛋壳理论及数值求解预测。

(3)三蛋壳线性屈曲具有近乎相同邻阶特征值，以单模态作为初等几何缺陷，并非最差缺陷，几种线性屈曲模态叠加作为初等几何缺陷下的非线性屈曲载荷值最为保守。

(4)数值结果在交接处略微变大，暗示变形协调理念设计的树脂环肋尺寸较为保守。以面积代替积分的过程会使位移量偏大一些，导致最大应力较数值结果略大，而位移量反而偏大。单就考虑设计之初的极限强度载荷，理论计算是可取的，在基于变形协调理念的设计过程中理论所得的位移量也应当属于保守设计。

(5)基于弧长法的数值计算与试验结果具有良好一致性，考虑真实形状和厚度的非线性有限元分析可用于分析预测真实壳体的屈曲特性。壳体最终破坏远离环肋交接处，证明交接后的蛋形壳破坏形式与完整单蛋壳一致，具有完整蛋壳较好的耐压特性。

参 考 文 献

[1] 张建, 左新龙, 王明禄, 等. 一种仿生耐压装置: ZL201510386319.7 [P]. 2016-06-30.

[2] Herbert S. Stability of steel shell structures general report [J]. Journal of Constructional Steel Research, 2000, 55(1): 159-181.

[3] 苟鹏, 崔维成. 多球交接耐压壳结构优化问题的研究[J]. 船舶力学, 2009, 13(2): 269-277.

[4] Ventsel E, Krauthammer T. Thin Plates and Shells: Theory, Analysis, and Applications[M]. New York: Marcel Dekker, 2001.

[5] 左新龙, 张建, 唐文献. 一种多蛋形仿生耐压壳体交接设计方法: 201610077586.0 [P]. 2016-02-03.

[6] Schmidt H. Stability of steel shell structures [J]. Journal of Constructional Steel Research, 2000, 55: 159-181.

[7] 王自力, 王仁华, 俞铭华, 等. 初始缺陷对不同深度载人潜水器耐压球壳极限承载力的影响[J]. 中国造船, 2007, 48(2): 45-50.

[8] Babich D V. Stability of shells of revolution with multifocal surfaces [J]. International Applied Mechanics, 1993, 29(11): 935-938.

[9] Magnucki K, Jasion P. Analytical description of pre-buckling and buckling states of barreled shells under radial pressure [J]. Ocean Engineering, 2013, 58(15): 217-223.

[10] Zhang J, Wang M L, Wang W B. Biological characteristics of eggshell and its bionic application [J]. Advances in Natural Science, 2015, 8(1): 41-50.

[11] Alhayani A A, Giraldo J A, Rodríguez J, et al. Computational modelling of bulging of inflated cylindrical shells applicable to aneurysm formation and propagation in arterial wall tissue [J]. Finite Elements in Analysis and Design, 2013, 73: 20-29.

[12] Bažant Z, Cedolin L. Stability of Structures[M]. New York: Dover Publications Inc Mineola, 2003.

[13] Jasion P, Magnucki K. Elastic buckling of clothoidal-spherical shells under external pressure-theoretical study [J]. Thin-walled Structures, 2015, 86: 18-23.

[14] Blachut J. Buckling of externally pressurized barreled shells: A comparison of experiment and theory [J]. International Journal of Pressure Vessels and Piping, 2002, 79(7): 507-517.

[15] Saullo G P C, Zimmermann R, Arbelo M A, et al. Geometric imperfections and lower-bound methods used to calculate knock-down factors for axially compressed composite cylindrical shells [J]. Thin-walled Structure. 2014, 74: 118-132.

[16] Blachut J, Smith P. Buckling of multi-segment underwater pressure hull[J]. Ocean Engineering, 2008, 35(2): 247-260.

附录 1　333 枚鹅蛋壳形状参数

编号	L/mm	B/mm	SI	编号	L/mm	B/mm	SI
1	81.73	54.38	0.6654	34	89.93	63.05	0.7011
2	83.65	57.25	0.6844	35	82.89	57.81	0.6974
3	78.20	58.01	0.7419	36	81.01	55.65	0.6869
4	82.11	56.89	0.6929	37	82.07	57.42	0.6996
5	78.62	54.21	0.6896	38	71.33	50.57	0.7090
6	83.89	55.07	0.6564	39	82.06	52.85	0.6440
7	86.29	54.77	0.6348	40	81.22	53.25	0.6556
8	79.67	55.00	0.6904	41	77.37	51.94	0.6713
9	75.06	51.98	0.6924	42	72.60	51.06	0.7033
10	76.63	54.55	0.7118	43	76.39	50.20	0.6572
11	85.84	59.22	0.6899	44	73.70	50.15	0.6805
12	84.11	58.60	0.6967	45	77.36	50.45	0.6521
13	84.72	56.69	0.6692	46	72.57	51.76	0.7133
14	81.77	60.16	0.7357	47	72.81	50.29	0.6907
15	83.12	59.11	0.7112	48	76.88	51.41	0.6687
16	83.33	56.81	0.6817	49	88.26	56.14	0.6361
17	85.29	55.97	0.6562	50	80.21	53.24	0.6638
18	87.35	57.46	0.6578	51	81.35	54.50	0.6700
19	81.27	58.01	0.7138	52	77.91	50.26	0.6451
20	80.95	58.70	0.7251	53	73.19	51.19	0.6994
21	84.46	57.80	0.6844	54	76.02	52.68	0.6930
22	83.27	56.42	0.6776	55	73.86	49.60	0.6716
23	80.89	56.27	0.6956	56	76.77	52.47	0.6834
24	86.00	55.67	0.6473	57	75.06	50.16	0.6683
25	82.70	57.40	0.6941	58	85.34	55.58	0.6513
26	78.05	52.99	0.6789	59	75.37	51.02	0.6769
27	81.30	58.56	0.7203	60	71.62	49.20	0.6870
28	75.06	56.36	0.7509	61	77.72	49.76	0.6403
29	82.23	60.36	0.7340	62	77.43	51.97	0.6712
30	72.55	51.81	0.7141	63	74.80	49.50	0.6617
31	88.82	58.54	0.6590	64	80.57	48.88	0.6067
32	74.71	57.28	0.7667	65	77.98	52.30	0.6707
33	81.15	56.70	0.6987	66	77.58	52.47	0.6763

编号	L/mm	B/mm	SI	编号	L/mm	B/mm	SI
67	72.01	51.04	0.7088	105	82.24	57.32	0.6969
68	76.06	50.13	0.6591	106	83.31	54.68	0.6563
69	72.62	49.23	0.6779	107	79.80	56.71	0.7106
70	72.15	49.45	0.6854	108	77.83	55.93	0.7186
71	77.43	51.59	0.6663	109	81.55	54.97	0.6741
72	80.38	51.01	0.6347	110	82.26	54.98	0.6684
73	74.41	50.31	0.6761	111	82.50	55.39	0.6714
74	77.40	52.87	0.6831	112	79.43	56.11	0.7064
75	73.19	50.16	0.6853	113	73.03	52.43	0.7179
76	73.33	49.82	0.6794	114	91.02	56.14	0.6168
77	83.69	52.54	0.6278	115	79.62	53.93	0.6774
78	74.60	49.30	0.6608	116	85.43	58.78	0.6880
79	79.64	51.72	0.6494	117	76.43	52.29	0.6841
80	70.84	48.65	0.6867	118	76.00	54.52	0.7173
81	75.01	47.29	0.6304	119	74.36	54.29	0.7301
82	75.80	52.27	0.6896	120	85.37	56.65	0.6635
83	74.36	51.26	0.6894	121	70.14	54.78	0.7810
84	72.93	50.43	0.6915	122	81.88	56.32	0.6878
85	75.81	50.13	0.6613	123	80.36	54.31	0.6758
86	74.28	48.59	0.6541	124	80.48	52.54	0.6528
87	75.95	50.55	0.6655	125	78.95	53.80	0.6814
88	74.75	50.04	0.6694	126	73.36	52.29	0.7127
89	77.31	52.79	0.6829	127	77.29	52.35	0.6773
90	75.86	51.38	0.6773	128	82.84	57.03	0.6884
91	75.58	49.69	0.6575	129	76.65	55.30	0.7214
92	69.44	50.88	0.7327	130	75.89	52.07	0.6861
93	80.40	50.95	0.6337	131	77.69	57.71	0.7429
94	78.02	51.48	0.6598	132	81.18	54.26	0.6683
95	79.77	54.81	0.6871	133	84.98	57.32	0.6746
96	69.13	49.27	0.7127	134	76.33	54.66	0.7161
97	76.53	51.25	0.6697	135	85.84	58.33	0.6796
98	76.94	50.99	0.6628	136	76.77	53.07	0.6913
99	75.12	49.97	0.6652	137	79.86	56.63	0.7091
100	73.76	48.20	0.6535	138	80.28	55.41	0.6901
101	89.95	56.38	0.6268	139	84.40	54.96	0.6511
102	85.33	55.76	0.6535	140	84.31	54.48	0.6462
103	76.08	56.39	0.7412	141	78.81	53.61	0.6802
104	77.80	56.22	0.7226	142	82.48	58.12	0.7047

续表

编号	L/mm	B/mm	SI	编号	L/mm	B/mm	SI
143	71.64	49.15	0.6860	181	72.13	47.25	0.6551
144	83.93	56.32	0.6710	182	66.19	46.36	0.7003
145	83.02	54.91	0.6614	183	71.59	49.04	0.6850
146	82.69	57.90	0.7002	184	76.20	50.94	0.6685
147	86.91	57.29	0.6592	185	69.79	48.25	0.6914
148	84.97	57.07	0.6717	186	81.25	52.31	0.6439
149	77.86	53.99	0.6934	187	76.44	51.89	0.6788
150	73.48	54.60	0.7431	188	76.44	52.47	0.6864
151	71.15	50.50	0.7098	189	76.40	49.70	0.6505
152	82.25	52.15	0.6340	190	85.00	54.26	0.6383
153	72.43	50.42	0.6961	191	74.70	52.03	0.6965
154	73.43	52.52	0.7153	192	74.97	49.30	0.6575
155	80.95	52.87	0.6531	193	77.00	49.07	0.6372
156	73.79	48.95	0.6634	194	73.67	51.13	0.6940
157	72.21	50.18	0.6949	195	71.97	49.10	0.6822
158	74.73	48.72	0.6520	196	75.57	51.64	0.6834
159	76.08	48.98	0.6438	197	75.13	51.92	0.6911
160	76.10	51.72	0.6797	198	77.51	50.85	0.6560
161	75.64	51.12	0.6758	199	77.50	50.22	0.6479
162	71.21	49.74	0.6984	200	76.34	52.29	0.6850
163	73.00	49.09	0.6724	201	77.55	54.06	0.6970
164	75.98	51.87	0.6826	202	77.48	57.61	0.7435
165	75.43	48.40	0.6417	203	77.32	54.46	0.7043
166	74.93	50.89	0.6792	204	78.47	54.47	0.6942
167	75.14	48.71	0.6482	205	78.36	53.06	0.6772
168	70.64	50.11	0.7094	206	64.83	48.87	0.7539
169	71.09	49.44	0.6954	207	78.67	54.80	0.6966
170	68.21	44.87	0.6578	208	74.15	53.18	0.7172
171	73.16	48.64	0.6648	209	80.57	55.76	0.6921
172	68.61	47.39	0.6908	210	82.36	52.42	0.6365
173	71.60	49.55	0.6920	211	78.97	52.91	0.6699
174	68.21	46.82	0.6865	212	79.55	55.62	0.6992
175	68.00	47.54	0.6990	213	78.02	53.11	0.6807
176	68.86	46.36	0.6733	214	78.43	53.54	0.6826
177	71.22	48.17	0.6764	215	80.29	53.08	0.6610
178	68.27	47.87	0.7012	216	75.43	53.51	0.7094
179	74.37	47.46	0.6382	217	60.79	48.43	0.7967
180	71.41	47.09	0.6594	218	76.10	53.26	0.6998

续表

编号	L/mm	B/mm	SI	编号	L/mm	B/mm	SI
219	75.46	50.14	0.6645	257	79.51	52.63	0.6620
220	77.84	52.43	0.6736	258	84.23	58.95	0.6998
221	81.02	55.69	0.6874	259	80.99	54.38	0.6714
222	77.82	54.14	0.6958	260	82.29	56.12	0.6820
223	79.44	53.05	0.6677	261	78.49	54.95	0.7001
224	79.72	55.01	0.6901	262	71.74	47.18	0.6577
225	69.95	51.47	0.7358	263	85.13	58.00	0.6813
226	81.22	54.67	0.6731	264	82.00	56.21	0.6855
227	79.19	52.68	0.6653	265	81.20	57.59	0.7093
228	84.33	54.10	0.6416	266	81.83	54.96	0.6717
229	77.83	53.32	0.6851	267	82.22	55.38	0.6735
230	78.60	53.46	0.6802	268	81.29	57.56	0.7081
231	70.78	50.01	0.7065	269	85.12	55.22	0.6488
232	76.68	53.39	0.6963	270	82.94	56.87	0.6857
233	76.44	54.01	0.7066	271	77.51	53.49	0.6901
234	64.15	49.12	0.7657	272	79.75	55.45	0.6953
235	76.03	54.43	0.7159	273	83.38	55.04	0.6601
236	76.27	50.62	0.6637	274	83.51	54.76	0.6557
237	74.78	52.05	0.6961	275	82.00	56.17	0.6850
238	74.70	52.58	0.7039	276	80.80	58.29	0.7213
239	75.36	51.34	0.6813	277	80.68	57.84	0.7169
240	73.22	51.05	0.6973	278	81.76	59.80	0.7314
241	83.34	56.23	0.6747	279	79.91	55.45	0.6938
242	79.27	55.40	0.6988	280	81.78	55.01	0.6727
243	77.03	56.82	0.7376	281	78.05	56.99	0.7302
244	80.74	57.01	0.7060	282	84.32	52.92	0.6276
245	82.46	57.27	0.6946	283	76.77	57.53	0.7494
246	80.12	57.11	0.7128	284	85.28	55.94	0.6560
247	73.82	56.44	0.7645	285	77.73	54.82	0.7053
248	90.94	56.30	0.6191	286	80.03	54.71	0.6836
249	77.05	53.15	0.6898	287	78.18	55.08	0.7046
250	79.96	58.00	0.7253	288	79.00	55.45	0.7019
251	81.96	55.48	0.6770	289	79.35	59.24	0.7466
252	82.37	56.85	0.6901	290	83.40	61.36	0.7357
253	77.06	56.19	0.7291	291	80.26	53.80	0.6703
254	74.04	52.33	0.7068	292	84.42	55.00	0.6515
255	78.59	54.20	0.6897	293	85.12	56.98	0.6694
256	82.45	57.02	0.6916	294	79.12	56.54	0.7146

编号	L/mm	B/mm	SI	编号	L/mm	B/mm	SI
295	77.96	56.28	0.7219	315	87.79	56.87	0.6478
296	72.70	55.00	0.7565	316	80.84	53.85	0.6661
297	79.48	57.50	0.7235	317	83.50	54.89	0.6573
298	76.48	56.46	0.7382	318	73.65	53.05	0.7203
299	78.86	57.00	0.7228	319	80.56	54.14	0.6720
300	77.78	55.10	0.7084	320	77.60	53.14	0.6848
301	78.28	56.00	0.7154	321	79.53	54.86	0.6897
302	85.40	54.44	0.6375	322	76.77	54.73	0.7128
303	79.84	57.12	0.7154	323	79.13	54.96	0.6945
304	78.10	54.26	0.6948	324	86.45	57.43	0.6643
305	82.64	53.03	0.6417	325	81.62	57.26	0.7016
306	76.92	51.36	0.6677	326	83.05	56.46	0.6798
307	80.20	52.96	0.6603	327	81.40	54.65	0.6714
308	74.36	51.96	0.6988	328	83.61	59.05	0.7062
309	81.08	56.04	0.6912	329	78.63	54.01	0.6869
310	78.96	55.32	0.7006	330	75.23	53.37	0.7095
311	80.36	55.44	0.6899	331	79.19	54.96	0.6940
312	78.24	55.62	0.7109	332	85.07	56.42	0.6632
313	80.20	54.72	0.6823	333	76.99	55.10	0.7157
314	74.44	54.61	0.7335				

附录 2 50 枚鹅蛋壳圆度

编号	M-M			B-B			S-S		
	P/mm	U/%	R_{mon}/mm	P/mm	U/%	R_{mon}/mm	P/mm	U/%	R_{mon}/mm
1	0.18	0.65	27.03	0.15	0.63	23.92	0.10	0.46	22.61
2	0.37	1.30	28.73	0.18	0.69	25.80	0.15	0.64	23.64
3	0.15	0.57	27.20	0.13	0.53	24.10	0.13	0.55	22.70
4	0.16	0.59	27.25	0.25	1.02	24.51	0.22	0.96	22.50
5	0.22	0.83	26.46	0.25	1.05	23.79	0.25	1.14	21.71
6	0.15	0.60	24.52	0.24	1.11	21.68	0.18	0.88	20.72
7	0.23	0.83	27.30	0.15	0.60	24.48	0.19	0.84	22.46
8	N/A								
9	0.27	0.97	27.96	0.19	0.76	24.79	0.21	0.89	23.21
10	0.12	0.47	26.19	0.12	0.48	23.81	0.30	1.37	21.73
11	N/A								
12	0.38	1.36	27.79	0.22	0.87	25.29	0.31	1.34	22.99
13	0.10	0.36	26.54	0.12	0.51	23.34	0.18	0.80	22.32
14	0.24	0.90	26.74	0.17	0.73	23.71	0.16	0.73	22.45
15	0.37	1.41	26.47	0.24	1.01	23.72	0.30	1.33	22.36
16	0.27	0.80	27.11	0.19	0.75	24.69	0.21	0.88	23.10
17	N/A								
18	0.16	0.60	26.63	0.19	0.78	23.68	0.20	0.93	21.99
19	0.13	0.51	25.05	0.19	0.84	22.76	0.06	0.27	20.89
20	0.30	1.15	26.17	0.15	0.66	23.38	0.24	1.09	21.81
21	0.18	0.63	27.80	0.12	0.46	24.85	0.17	0.73	23.24
22	0.45	1.66	26.99	0.15	0.61	24.31	0.34	1.52	22.20
23	0.09	0.35	26.47	0.22	0.92	23.58	0.14	0.64	22.05
24	0.20	0.71	27.47	0.16	0.65	24.63	0.29	1.28	22.54
25	0.14	0.54	25.67	0.53	2.30	23.01	0.20	0.95	21.30
26	0.23	0.83	27.34	0.11	0.46	24.17	0.27	1.18	22.76
27	N/A								
28	0.26	0.94	27.08	0.18	0.75	23.79	0.26	1.17	22.23
29	0.21	0.79	26.67	0.21	0.86	23.95	0.16	0.73	22.43
30	0.26	0.96	26.77	0.26	1.09	23.86	0.14	0.65	22.18
31	0.17	0.67	25.18	0.13	0.59	22.56	0.18	0.84	21.14

编号	M-M			B-B			S-S		
	P/mm	U/%	R_{mon}/mm	P/mm	U/%	R_{mon}/mm	P/mm	U/%	R_{mon}/mm
32	N/A								
33	0.43	1.57	27.03	0.10	0.43	23.99	0.19	0.84	22.55
34	0.32	1.31	24.59	0.17	0.77	21.86	0.14	0.67	20.96
35	0.38	1.39	27.13	0.18	0.72	24.30	0.20	0.89	22.63
36	0.31	1.21	25.18	0.21	0.93	22.52	0.20	0.99	20.63
37	0.27	1.04	25.98	0.23	1.00	22.99	0.43	1.96	21.69
38	0.39	1.47	26.41	0.28	1.18	23.69	0.24	1.08	21.83
39	0.26	1.03	25.72	0.32	1.39	22.90	0.24	1.15	21.13
40	0.33	1.27	25.82	0.20	0.86	22.84	0.18	0.85	21.50
41	0.17	0.69	24.62	0.18	0.67	27.04	0.15	0.59	24.46
42	0.16	0.65	24.71	0.17	0.65	26.09	0.12	0.50	23.85
43	0.11	1.46	24.08	0.26	1.00	25.55	0.13	0.57	22.67
44	0.19	0.77	24.83	0.35	1.30	26.45	0.13	0.54	23.98
45	0.26	1.10	24.23	0.18	0.69	25.92	0.26	1.10	24.23
46	0.16	0.61	26.33	0.10	0.36	28.00	0.18	0.70	25.59
47	0.07	0.27	26.10	0.10	0.36	27.63	0.10	0.40	24.99
48	0.07	0.27	26.20	0.12	0.43	27.66	0.11	0.44	25.14
49	0.15	0.57	26.10	0.26	0.94	27.24	0.28	1.12	25.11
50	0.11	0.43	25.73	0.13	0.47	27.40	0.13	0.52	24.92

附录 3 50 枚鹅蛋壳经线皮尔逊相似度

编号	M_1-M_2	M_2-M_3	M_1-M_3	编号	M_1-M_2	M_2-M_3	M_1-M_3
1	0.999082	0.998181	0.998632	26	0.999977	0.999919	0.999948
2	0.999957	0.999955	0.999956	27	N/A		
3	0.999980	0.999983	0.999982	28	0.999939	0.999965	0.999952
4	0.999913	0.999737	0.999825	29	0.999983	0.999966	0.999974
5	0.999984	0.999989	0.999986	30	0.999963	0.999983	0.999973
6	0.999954	0.999978	0.999966	31	0.999946	0.999917	0.999932
7	0.999779	0.999588	0.999683	32	N/A		
8	N/A			33	0.999965	0.999963	0.999964
9	0.999901	0.999984	0.999942	34	0.999964	0.999971	0.999967
10	0.999924	0.999918	0.999921	35	0.999871	0.999762	0.999816
11	N/A			36	0.999916	0.999941	0.999928
12	0.999837	0.999910	0.999874	37	0.999954	0.999786	0.999870
13	0.999899	0.999948	0.999923	38	0.999878	0.999816	0.999847
14	0.999794	0.999594	0.999694	39	0.999694	0.999958	0.999826
15	0.999864	0.999743	0.999804	40	0.999910	0.999853	0.999882
16	0.999967	0.999882	0.999925	41	0.999945	0.999934	0.999940
17	N/A			42	0.999947	0.999938	0.999943
18	0.999925	0.999927	0.999926	43	0.999911	0.999927	0.999919
19	0.999865	0.999876	0.999870	44	0.999908	0.999971	0.999940
20	0.999898	0.999786	0.999842	45	0.999944	0.999864	0.999904
21	0.999372	0.999593	0.999483	46	0.999947	0.994440	0.997194
22	0.999963	0.999854	0.999909	47	0.999957	0.999950	0.999954
23	0.999949	0.999949	0.999949	48	0.999980	0.999989	0.999985
24	0.998815	0.992894	0.995854	49	0.999897	0.999948	0.999923
25	0.999951	0.999951	0.999951	50	0.999945	0.999956	0.999951

附录 4 50 枚鹅蛋壳体积

体积/mm³								
编号	测量值	计算值	误差%	编号	测量值	计算值	误差%
1	117775.40	118642.25	0.73	26	126022.20	127069.34	0.82
2	133358.63	134607.04	0.93	27	N/A		
3	119050.82	120069.56	0.85	28	126413.70	129234.01	2.18
4	121205.68	121892.38	0.56	29	116997.20	115854.56	−0.99
5	113817.80	115501.34	1.46	30	116719.00	117608.48	0.76
6	82017.66	81061.20	−1.18	31	94503.60	92688.41	−1.96
7	121588.60	123688.26	1.70	32	N/A		
8	N/A			33	116214.10	116749.45	0.46
9	130902.10	131161.00	0.20	34	82332.50	81043.11	−1.59
10	118989.20	118486.76	−0.42	35	118134.90	117936.29	−0.17
11	N/A			36	100970.70	102325.49	1.32
12	130098.70	128819.79	−0.99	37	105675.00	106067.83	0.37
13	116018.10	115202.68	−0.71	38	108877.20	108102.54	−0.72
14	116539.30	117691.11	0.98	39	102989.20	104001.22	0.97
15	118604.00	118420.61	−0.15	40	101826.50	99902.73	−1.93
16	112438.40	113083.65	0.57	41	119978.56	119781.51	−0.16
17	N/A			42	116413.90	115989.15	−0.37
18	111833.40	113003.33	1.04	43	103778.51	105716.57	1.83
19	100094.60	99327.90	−0.77	44	115269.50	117645.44	2.02
20	111319.80	112026.42	0.63	45	104249.29	105028.47	0.74
21	131243.10	131554.49	0.24	46	132018.41	134034.82	1.50
22	117797.30	119422.36	1.36	47	127095.51	126530.05	−0.45
23	115695.40	117034.51	1.14	48	129197.98	128802.95	−0.31
24	124096.40	126301.69	1.75	49	125870.50	126559.54	0.54
25	95908.78	96998.82	1.12	50	124993.98	126555.16	1.23

附录 5　50 枚鹅蛋壳表面积

	面积/mm²				
编号	测量值	计算值	误差%	修正值	误差
1	11879.25	11676.32	−1.74	11909.85	0.26
2	12844.18	12701.60	−1.12	12955.63	0.86
3	11958.37	11769.78	−1.60	12005.18	0.39
4	12120.44	11888.60	−1.95	12126.38	0.05
5	11664.42	11469.33	−1.70	11698.71	0.29
6	9262.98	9057.78	−2.27	9238.94	−0.26
7	12150.13	12005.09	−1.21	12245.19	0.78
8	N/A				
9	12768.28	12483.88	−2.28	12733.56	−0.27
10	12108.67	11666.12	−3.79	11899.44	−1.76
11	N/A				
12	12719.92	12334.88	−3.12	12581.58	−1.10
13	11796.99	11449.55	−3.03	11678.54	−1.01
14	11828.84	11613.83	−1.85	11846.11	0.15
15	12020.42	11661.78	−3.08	11895.01	−1.05
16	11506.96	11308.71	−1.75	11534.88	0.24
17	N/A				
18	11481.56	11303.35	−1.58	11529.42	0.42
19	10735.96	10371.96	−3.51	10579.40	−1.48
20	11499.89	11238.12	−2.33	11462.88	−0.32
21	12800.40	12508.84	−2.33	12759.02	−0.32
22	11896.24	11727.45	−1.44	11962.00	0.55
23	11804.47	11570.60	−2.02	11802.01	−0.02
24	12323.56	12173.61	−1.23	12417.08	0.75
25	10306.20	10209.18	−0.95	10413.36	1.03
26	12485.80	12222.88	−2.15	12467.34	−0.15
27	N/A				
28	12593.07	12361.31	−1.87	12608.53	0.12
29	11858.38	11492.70	−3.18	11722.55	−1.16
30	11847.69	11608.40	−2.06	11840.57	−0.06
31	10245.95	9904.44	−3.45	10102.53	−1.42
32	N/A				

	面积/mm²				
编号	测量值	计算值	误差%	修正值	误差
33	11756.34	11551.80	−1.77	11782.84	0.22
34	9272.51	9056.43	−2.39	9237.56	−0.38
35	11890.85	11629.96	−2.24	11862.56	−0.24
36	10812.01	10579.60	−2.20	10791.19	−0.19
37	11067.27	10836.00	−2.13	11052.72	−0.13
38	11267.89	10974.14	−2.68	11193.62	−0.66
39	10894.45	10694.79	−1.87	10908.68	0.13
40	10778.98	10411.93	−3.53	10620.17	−1.50
41	12033.82	11739.48	−2.51	11974.27	−0.50
42	11927.31	11502.82	−3.69	11732.88	−1.66
43	10996.85	10812.12	−1.71	11028.36	0.29
44	11783.55	11610.94	−1.49	11843.16	0.50
45	10961.97	10765.20	−1.83	10980.50	0.17
46	12825.34	12667.69	−1.24	12921.04	0.74
47	12509.48	12188.40	−2.63	12432.17	−0.62
48	12665.25	12333.93	−2.69	12580.61	−0.67
49	12399.03	12190.29	−1.71	12434.10	0.28
50	12394.98	12190.01	−1.68	12433.81	0.31

附录 6 50 枚鹅蛋壳经向厚度分布

编号	厚度/mm				
	t_1	t_2	t_3	t_4	t_5
1	0.5233	0.5175	0.5045	0.5015	0.5023
2	0.4230	0.4928	0.5133	0.4420	0.4838
3	0.3963	0.4238	0.4383	0.4248	0.3955
4	0.5193	0.5070	0.4980	0.4723	0.4830
5	0.4933	0.5130	0.5643	0.5793	0.5575
6	0.5160	0.5713	0.5705	0.5293	0.5348
7	0.4335	0.4965	0.5038	0.5113	0.5405
8	N/A				
9	0.5093	0.5013	0.4523	0.4770	0.5118
10	0.5135	0.5093	0.5233	0.5193	0.5085
11	N/A				
12	0.4663	0.4575	0.4710	0.4325	0.5130
13	0.5110	0.4975	0.5120	0.4883	0.5018
14	0.5085	0.5348	0.5210	0.5183	0.5143
15	0.4448	0.4363	0.4663	0.4503	0.4318
16	0.4285	0.5030	0.4698	0.4198	0.4415
17	N/A				
18	0.5035	0.4793	0.4973	0.5443	0.5118
19	0.4910	0.5100	0.5605	0.5400	0.5148
20	0.4633	0.5063	0.5085	0.5513	0.5033
21	0.4975	0.5078	0.5175	0.5265	0.4885
22	0.5060	0.5283	0.5578	0.5045	0.4978
23	0.5128	0.5028	0.5743	0.5628	0.5543
24	0.5143	0.4853	0.5008	0.5433	0.5388
25	0.4483	0.4360	0.4758	0.5018	0.5060
26	0.4935	0.4910	0.4905	0.5180	0.5240
27	N/A				
28	0.4943	0.5083	0.4995	0.5403	0.5458
29	0.4130	0.3808	0.4973	0.4765	0.3258
30	0.5270	0.4873	0.4873	0.5668	0.5380
31	0.4693	0.4195	0.5180	0.4960	0.5215
32	N/A				

编号	厚度/mm				
	t_1	t_2	t_3	t_4	t_5
33	0.4620	0.4570	0.5060	0.4968	0.4808
34	0.5113	0.4965	0.5345	0.5175	0.5950
35	0.5113	0.5260	0.5875	0.5938	0.5280
36	0.4438	0.4080	0.4943	0.5103	0.5150
37	0.5133	0.5093	0.5418	0.5708	0.5420
38	0.6325	0.5993	0.6128	0.6345	0.6313
39	0.5283	0.5588	0.5938	0.5375	0.4863
40	0.3738	0.4418	0.4658	0.4268	0.4323
41	0.4088	0.4373	0.4405	0.5488	0.4538
42	0.4663	0.4800	0.5238	0.4913	0.5148
43	0.5075	0.4788	0.5058	0.5295	0.5193
44	0.4618	0.4958	0.5255	0.5695	0.5350
45	0.5100	0.5060	0.5348	0.6713	0.5328
46	0.4030	0.4085	0.4308	0.4578	0.4125
47	0.4655	0.4880	0.4948	0.4838	0.4920
48	0.4353	0.4398	0.4823	0.4658	0.4648
49	0.4815	0.4440	0.4665	0.5108	0.4958
50	0.4620	0.4400	0.5525	0.5518	0.5095

附录 7　金属蛋形壳经向厚度分布

(mm)

1 号金属蛋

编号	经线转角									
	0°	36°	72°	108°	144°	180°	216°	252°	288°	324°
0	1.088									
1	1.004	0.996	1.002	1.024	1.022	1.014	0.992	0.998	1.004	1.022
2	0.946	0.938	0.952	0.958	3956	0.954	0.894	0.912	0.946	0.956
3	0.94	0.938	0.932	0.934	0.928	0.91	0.904	0.91	0.906	0.938
4	1.052	1.034	1.03	1.032	1.014	1.028	1.026	1.026	1.024	1.028
5	1.2	1.196	1.192	1.19	1.168	1.172	1.182	1.184	1.188	1.184
6	1.326	1.318	1.324	1.326	1.322	1.312	1.314	1.318	1.312	1.32
7	1.396	1.384	1.392	1.396	1.39	1.386	1.382	1.37	1.386	1.398
8	1.416	1.412	1.402	1.406	1.402	1.402	1.41	1.404	1.414	1.41
9	1.418	1.416	1.42	1.434	1.438	1.416	1.414	1.41	1.404	1.448
10	1.468	1.446	1.41	1.44	1.458	1.462	1.464	1.45	1.44	1.456
11	1.384	1.456	1.394	1.368	1.444	1.364	1.382	1.432	1.418	1.43
12	1.418	1.4	1.402	1.396	1.394	1.416	1.414	1.402	1.398	1.404
13	1.444	1.45	1.39	1.434	1.41	1.45	1.454	1.446	1.44	1.424
14	1.404	1.402	1.404	1.39	1.396	1.4	1.402	1.412	1.406	1.396
15	1.3	1.288	1.332	1.31	1.33	1.318	1.314	1.334	1.306	1.316
16	1.17	1.166	1.18	1.16	1.168	1.17	1.162	1.194	1.164	1.17
17	1.106	1.096	1.088	1.076	1.072	1.092	1.084	1.088	1.07	1.076
18	1.098	1.102	1.078	1.058	1.056	1.06	1.078	1.068	1.064	1.066
19	1.138	1.144	1.122	1.128	1.132	1.136	1.138	1.138	1.136	1.13
20	1.24									

2 号金属蛋

编号	经线转角									
	0°	36°	72°	108°	144°	180°	216°	252°	288°	324°
0	1.21									
1	1.104	1.118	1.136	1.124	1.112	1.102	1.116	1.114	1.106	1.09
2	1.054	1.062	1.074	1.052	1.058	1.064	1.058	1.05	1.048	1.046
3	1.034	1.036	1.028	1.038	1.024	1.032	1.028	1.022	1.01	1.02
4	1.116	1.138	1.11	1.128	1.114	1.126	1.16	1.122	1.152	1.148
5	1.296	1.314	1.3	1.318	1.298	1.31	1.324	1.316	1.322	1.32
6	1.412	1.436	1.418	1.422	1.412	1.424	1.45	1.414	1.424	1.44

2 号金属蛋

编号	经线转角									
	0°	36°	72°	108°	144°	180°	216°	252°	288°	324°
7	1.492	1.502	1.498	1.49	1.494	1.488	1.49	1.498	1.48	1.488
8	1.486	1.48	1.47	1.464	1.462	1.466	1.474	1.468	1.456	1.466
9	1.512	1.508	1.53	1.498	1.488	1.506	1.512	1.532	1.528	1.532
10	1.588	1.594	1.582	1.568	1.57	1.576	1.602	1.586	1.56	1.59
11	1.448	1.458	1.468	1.456	1.45	1.454	1.452	1.478	1.446	1.45
12	1.428	1.426	1.422	1.434	1.432	1.412	1.424	1.434	1.44	1.438
13	1.45	1.454	1.458	1.462	1.42	1.448	1.454	1.464	1.44	1.456
14	1.356	1.358	1.38	1.384	1.366	1.362	1.348	1.35	1.36	1.362
15	1.27	1.282	1.286	1.278	1.274	1.26	1.23	1.216	1.26	1.23
16	1.094	1.09	1.114	1.084	1.094	1.09	1.08	1.11	1.086	1.082
17	1.012	1.032	1.024	1.004	1.008	0.992	0.994	1.016	1.046	1.006
18	0.996	1.014	1.04	1.026	0.994	0.992	1.042	1.024	1.018	1.012
19	1.04	1.062	1.076	1.064	1.044	1.048	1.086	1.128	1.1	1.08
20	1.156									

3 号金属蛋

编号	经线转角									
	0°	36°	72°	108°	144°	180°	216°	252°	288°	324°
0	1.08									
1	1.04	1.002	0.992	1.008	1.004	0.996	1.006	1.002	1.02	1.038
2	1.014	0.982	0.95	0.952	0.962	0.964	0.974	0.972	0.992	1.01
3	0.996	0.988	0.956	0.952	0.948	0.96	0.986	0.968	0.994	0.998
4	1.074	1.066	1.05	1.062	1.052	1.058	1.064	1.04	1.07	1.078
5	1.218	1.22	1.194	1.198	1.192	1.19	1.196	1.186	1.204	1.21
6	1.346	1.35	1.338	1.34	1.336	1.34	1.332	1.32	1.338	1.33
7	1.408	1.406	1.39	1.386	1.38	1.388	1.402	1.392	1.394	1.388
8	1.438	1.424	1.422	1.418	1.416	1.412	1.422	1.424	1.422	1.418
9	1.47	1.488	1.482	1.488	1.48	1.47	1.496	1.492	1.5	1.498
10	1.52	1.514	1.524	1.518	1.518	1.528	1.52	1.516	1.506	1.508
11	1.502	1.542	1.534	1.54	1.546	1.51	1.55	1.546	1.526	1.53
12	1.478	1.486	1.488	1.482	1.476	1.462	1.486	1.484	1.466	1.48
13	1.438	1.454	1.452	1.456	1.462	1.42	1.458	1.466	1.456	1.454
14	1.424	1.426	1.434	1.432	1.428	1.41	1.42	1.43	1.418	1.424
15	1.352	1.35	1.358	1.354	1.348	1.34	1.326	1.34	1.33	1.324
16	1.202	1.198	1.206	1.196	1.188	1.198	1.206	1.204	1.204	1.198

续表

3 号金属蛋

编号	经线转角									
	0°	36°	72°	108°	144°	180°	216°	252°	288°	324°
17	1.078	1.076	1.084	1.062	1.04	1.052	1.076	1.098	1.094	1.088
18	1.05	1.064	1.066	1.038	1.028	1.034	1.062	1.084	1.078	1.054
19	1.1	1.106	1.106	1.11	1.096	1.11	1.118	1.12	1.122	1.088
20	1.234									

4 号金属蛋

编号	经线转角									
	0°	36°	72°	108°	144°	180°	216°	252°	288°	324°
0	1.124									
1	1.044	1.066	1.058	1.058	1.032	1.034	1.042	1.05	1.03	1.038
2	3978	0.998	1.01	0.99	0.97	0.974	1	1.008	0.998	0.984
3	0.958	0.956	0.948	0.956	0.95	0.948	0.948	0.966	0.96	0.964
4	1.018	1.002	1	1.014	1.006	1.012	0.998	1.004	1.01	1.006
5	1.194	1.202	1.15	1.194	1.152	1.174	1.164	1.15	1.2	1.16
6	1.35	1.348	1.328	1.352	1.34	1.344	1.338	1.336	1.346	1.334
7	1.394	1.38	1.374	1.388	1.386	1.384	1.378	1.382	1.386	1.382
8	1.388	1.39	1.388	1.382	1.392	1.39	1.392	1.394	1.364	1.398
9	1.426	1.434	1.406	1.402	1.416	1.412	1.414	1.412	1.436	1.456
10	1.496	1.482	1.5	1.48	1.49	1.498	1.494	1.512	1.484	1.496
11	1.452	1.462	1.464	1.5	1.494	1.48	1.488	1.472	1.49	1.458
12	1.404	1.39	1.354	1.394	1.38	1.39	1.38	1.37	1.382	1.402
13	1.392	1.388	1.386	1.382	1.388	1.4	1.382	1.382	1.388	1.398
14	1.336	1.338	1.34	1.328	1.342	1.338	1.34	1.336	1.334	1.35
15	1.214	1.21	1.228	1.214	1.218	1.22	1.232	1.234	1.212	1.216
16	1.02	1.03	1.018	1.01	1.016	1.018	1.03	1.032	1.018	1.024
17	0.93	0.926	0.934	0.904	0.918	0.902	0.912	0.906	0.918	0.928
18	0.952	0.93	0.902	0.914	0.956	0.954	0.926	0.904	0.926	0.938
19	1.102	1.002	0.97	0.992	1.018	1.01	1.008	0.99	0.972	0.982
20	1.096									